中等职业教育国家规划教材

全国中等职业教育教材审定委员会审定

水 工 建 筑 物

（水利水电工程技术专业）

主　　编　高必仁

责任主审　张勇传

审　　稿　王德蜀

　　　　　熊文林

中国水利水电出版社

www.waterpub.com.cn

内 容 提 要

本书为全国中等职业学校（包括普通中专、成人中专、职业高中、技工学校等）"水利水电工程技术"专业的通用教材，全书共九章，包括：绪论、重力坝、拱坝、土石坝、水闸、河岸溢洪道、水工隧洞、渠系建筑物、水利枢纽布置等内容。

本书也可供中等职业学校其它有关专业的师生和水利工程技术人员参考。

图书在版编目（CIP）数据

水工建筑物/高必仁主编. —北京：中国水利水电出版社，2003（2021.6 重印）

中等职业教育国家规划教材. 水利水电工程技术专业

ISBN 978 - 7 - 5084 - 1333 - 4

Ⅰ. 水… Ⅱ. 高… Ⅲ. 水工建筑物-专业学校-教材

Ⅳ. TV6

中国版本图书馆 CIP 数据核字（2007）第 018433 号

书　　名	中等职业教育国家规划教材 **水工建筑物**（水利水电工程技术专业）	
作　　者	主编　高必仁	
出版发行	中国水利水电出版社 （北京市海淀区玉渊潭南路 1 号 D 座　100038） 网址：www.waterpub.com.cn E - mail：sales@waterpub.com.cn 电话：(010) 68367658（营销中心）	
经　　售	北京科水图书销售中心（零售） 电话：(010) 88383994、63202643、68545874 全国各地新华书店和相关出版物销售网点	
排　　版	中国水利水电出版社微机排版中心	
印　　刷	清淞永业（天津）印刷有限公司	
规　　格	184mm×260mm　16 开本　11 印张　261 千字	
版　　次	2003 年 1 月第 1 版　2021 年 6 月第 10 次印刷	
印　　数	26101—29100 册	
定　　价	**36.00 元**	

中等职业教育国家规划教材
出 版 说 明

　　为了贯彻《中共中央国务院关于深化教育改革全面推进素质教育的决定》精神，落实《面向21世纪教育振兴行动计划》中提出的职业教育课程改革和教材建设规划，根据教育部关于《中等职业教育国家规划教材申报、立项及管理意见》（教职成〔2001〕1号）的精神，我们组织力量对实现中等职业教育培养目标和保证基本教学规格起保障作用的德育课程、文化基础课程、专业技术基础课程和80个重点建设专业主干课程的教材进行了规划和编写，从2001年秋季开学起，国家规划教材将陆续提供给各类中等职业学校选用。

　　国家规划教材是根据教育部最新颁布的德育课程、文化基础课程、专业技术基础课程和80个重点建设专业主干课程的教学大纲（课程教学基本要求）编写，并经全国中等职业教育教材审定委员会审定。新教材全面贯彻素质教育思想，从社会发展对高素质劳动者和中初级专门人才需要的实际出发，注重对学生的创新精神和实践能力的培养。新教材在理论体系、组织结构和阐述方法等方面均作了一些新的尝试。新教材实行一纲多本，努力为教材选用提供比较和选择，满足不同学制、不同专业和不同办学条件的教学需要。

　　希望各地、各部门积极推广和选用国家规划教材，并在使用过程中，注意总结经验，及时提出修改意见和建议，使之不断完善和提高。

教育部职业教育与成人教育司

2002年10月

前　言

本书是中等职业学校重点专业"水利水电工程技术"专业的一门主干课程,是根据国家教育部"中等职业教育国家规划教材申报、立项及管理意见"和 2002 年 3 月郑州"水利水电专业中等职业教育国家规划教材编写工作会议"精神,以及"水利水电工程技术"专业新的《水工建筑物》教学大纲编写的。

《水工建筑物》是一门专业课,按照教学大纲的要求,学生应掌握一般水工建筑物的工作特点、类型和构造原理;理解水工建筑物的设计基础知识。通过本课程学习,应使学生具备从事水利水电工程施工和管理所必需的水工建筑基本知识和基本技能。因其内容多、涉及面广、实践性强,在编写过程中,本着"少而精"和"淡化设计、计算,突出实践、实用"的原则,力求贯彻素质教育和能力本位思想,紧扣专业培养目标,尽量降低理论深度、难度,注重针对性、应用性与可操作性;力求体现中职教育特色和教学改革、创新精神,尽可能多地反映本专业发展动态和当前水利水电工程技术的新理论、新实践、新工艺、新方法,为学生形成综合职业能力和继续学习打下一定基础。

全书共分九章,其中第一、二、三、七章由河南省水利水电学校高必仁编写,第四、六章由山西省水利学校周爱玲编写,第五、八、九章由河南省水利水电学校孟小瑞编写。全书由河南省水利水电学校高必仁任主编。

本书在编写过程中,参考引用了一些院校、单位或个人编写的教材、资料或专著,并得到了全国水利中等职业教育研究会和中国水利水电出版社的大力支持和帮助。

本书经全国中等职业教育教材审定委员会审定,由华中科技大学张勇传院士担任责任主审,武汉大学王德蜀、熊文林教授审稿,中国水利水电出版社另聘湖南省水利水电职业技术学院潘斌生主审了全稿,提出了许多宝贵的修改意见,在此一并表示感谢。

限于编者水平,书中存在错误和不妥之处,敬请读者批评指正。

编　者

2002 年 8 月

目 录

第一章 绪 论

第一节 我国的水资源与水利工程建设

一、我国的水资源

水是最宝贵的自然资源之一，是人类赖以生存和工农业生产中不可缺少的重要物资。我国河流众多，水资源丰富。据统计，流域面积在 $1000km^2$ 以上的河流近 1600 条，长度在 1000km 以上的河流 20 余条；多年平均河川径流量 2.71 万亿 m^3，居世界第四位。水能蕴藏量达 6.8 亿 kW，其中可开发利用的达 3.78 亿 kW，居世界第一位。但由于我国人口众多，人均水资源占有量仅 $2300m^3$，相当于世界人均占有量的四分之一，居世界 109 位。因此，从人均水资源讲，我国又是一个严重缺水的国家。

由于我国幅员辽阔，自然地理条件相差悬殊，降水的时空分布很不均匀。大部分地区的降雨多集中在每年的 7、8、9 的三个月内，而且降雨强度大、时间集中，往往易造成洪涝灾害。降水的区域分布也很不均匀，长江流域和长江以南地区，水资源占全国总量的 80%，而黄河、淮河、海河三大流域的水资源仅占总量的 8%，这就必然会造成来用水之间的矛盾，导致一些地区在枯水季节易出现干旱。因此我们必须认识水资源的分布规律，合理开发和保护水资源，使水资源最大限度地得到有效利用。

二、水利工程及其建设的主要成就

水利工程的根本任务是：兴水利，除水害。为了控制和利用水力资源，达到兴利除害的目的，就必须采取各种工程措施对自然界的水进行有效地控制和合理地调配。常用的水利工程措施有防洪工程、河道整治工程、农田水利工程、水力发电工程、供水与排水工程、航运及港口工程、环境水利工程及综合利用的水利工程等。

我国是历史悠久的文明古国，我们的祖先在水利工程建设方面取得了世人瞩目的光辉成就。至今正常发挥作用的长达 1800km 的黄河大堤，纵贯祖国南北全长 1794km 的京杭大运河，驰名世界的四川灌县都江堰分洪引水灌溉工程等，都可堪称中华民族的骄傲。但是，由于旧中国封建社会制度的束缚和反动统治阶级的压迫，水资源不仅未能很好地用来为人民造福，而且，还使广大劳动人民长期饱受水旱灾害之苦。

新中国成立以来，在中国共产党和人民政府的正确领导下，我国的水利事业有了巨大发展。目前已建成各类水库 8.6 万座，其中库容大于 1.0 亿 m^3 的大型水库 412 座，库容在 0.1 亿～1.0 亿 m^3 的中型水库 2634 座，总库容达 4600 亿 m^3 以上；灌溉面积已发展到 7 亿多亩，为农业的稳产高产做出了突出贡献；水电装机容量已达 6000 万 kW，年发电量占全国年总发电量的 17%；修建和加固堤防 20 多万 km，初步建立起防洪除涝保障系统；建成通航建筑物 800 多座，内河通航里程已达 10 万 km 以上。水利水电事业取得的成就，为我国经济建设和社会发展提供了必要的基础条件，在工农业生产、交通运输和保障人民生活安全等方面，都发挥了巨大的作用。

随着水利工程建设的发展，我国的水利科学技术水平也迅速提高。在工程勘测、规划、结构设计、地基处理以及施工技术等方面，都取得了巨大进步和成功经验。例如，修建在岩溶地区的坝高 165m 的乌江渡拱型重力坝，成功地进行了地基处理；碧口水电站为心墙土石坝，坝高 101.8m，坝基处理采用混凝土防渗墙，最大深度达 65.4m；坝高178m 的龙羊峡重力拱坝，成功地解决了坝肩稳定与泄流消能问题；坝高 178m 的天生桥一级水电站，采用的是混凝土面板堆石坝；不久前建成的坝高 80m 的甘肃龙首水电站，是世界上最薄的碾压混凝土拱坝；正在建设中的三峡水利枢纽工程，最大坝高 175m，总库容 393 亿 m³，总装机容量 1820 万 kW，年发电量 846.8 亿 kW·h，到 2003 年可实现首批机组发电。这些成就的取得标志着我国的水利工程技术已跨入世界先进水平的行列。

第二节　水利枢纽与水工建筑物

一、水利枢纽

为了综合利用水利资源，达到防洪、灌溉、发电、供水、航运等目的，需要修建各种类型的水工建筑物，用来控制和支配水流，这些水工建筑物的综合体称为水利枢纽。

水利枢纽可分为蓄水枢纽和取水枢纽，但不论其任务如何，一般均包括挡水、泄水和取水三类建筑物，有的还包括发电和航运等专门建筑物。图 1-1 所示为丹江口水利枢纽布置图，是一座具有防洪、灌溉、发电、航运、渔业等综合效益的水利枢纽工程，由于其主要特征是拦截上游来水，并把它积蓄起来加以综合调配和利用，所以它是一座蓄水枢纽。其组成包括拦河坝、溢流坝、水电站取水系统及厂房、升船机和进水闸等水工建筑物。

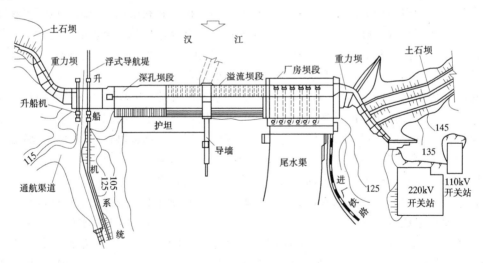

图 1-1　丹江口水利枢纽布置图

二、水工建筑物分类

水工建筑物按其在水利枢纽中所起的作用，可分为以下几类：

（1）挡水建筑物。用以拦截河水、壅高水位或形成水库，如各种闸、坝和堤防等。

（2）泄水建筑物。用以宣泄水库的多余水量，以保证大坝安全，如溢洪道、溢流坝、泄洪洞及泄水闸等。

（3）输水建筑物。为灌溉、发电和供水需要，从水源向用水地点输水用的建筑物，如输水隧洞、渠道、引水管、渡槽等。

（4）取水建筑物。即输水建筑物的首部建筑，如各种进水闸、深式进水口、扬水站等。

（5）整治建筑物。用以调整河道水流条件，防止水流对河床产生破坏作用的建筑物，如丁坝、顺坝、导流堤、护岸等。

（6）专门建筑物。为灌溉、发电、过坝、供水而兴建的建筑物，如电站厂房、调压井、船闸、升船机、鱼道、筏道、滤水池、沉沙池、量水堰等。

三、水利水电工程的分等和水工建筑物的分级

水利水电工程一般投资大、工期长，建设的成功和失败，对国民经济和人民生活将产生直接影响。但过分强调安全，势必会造成不必要的浪费，为使工程的安全性与其造价的经济合理性有机地统一起来，水利水电工程及所属建筑物必须进行分等和分级。

我国 SL 252—2000《水利水电工程等级划分及洪水标准》规定，水利水电枢纽工程按其规模、效益及在国民经济中的重要性分为五等，如表 1-1 所示。

表 1-1　　　　　　　　　　　水利水电工程分等指标

工程等别	工程规模	水库总库容（亿 m³）	防　洪		治　涝	灌　溉	供　水	发　电
			保护城镇及工矿企业的重要性	保护农田（万亩）	治涝面积（万亩）	灌溉面积（万亩）	供水对象重要性	装机容量（万 kW）
I	大（1）型	≥10	特别重要	≥500	≥200	≥150	特别重要	≥120
II	大（2）型	10～1.0	重　要	500～100	200～60	150～50	重　要	120～30
III	中　型	1.0～0.1	中　等	100～30	60～15	50～5	中　等	30～5
IV	小（1）型	0.1～0.01	一　般	30～5	15～3	5～0.5	一　般	5～1
V	小（2）型	0.01～0.001		<5	<3	<0.5		<1

注　1. 水库总库容指水库最高水位以下的静库容；
　　2. 治涝面积和灌溉面积均指设计面积。

对于综合利用的水利工程，当按各综合利用项目的分等指标确定的等别不同时，其工程等别应按其中最高等别确定。

水利水电工程中的永久性水工建筑物，指工程运行期间使用的建筑物。又分为主要建筑和次要建筑，根据其所在工程的等别和建筑物的重要性分为五级，如表 1-2 所示。

采用表 1-2 确定永久性水工建筑物级别时，应注意以下几点：

（1）失事后损失巨大和影响十分严重的水利水电工程的 2～5 级主要永久性水工建筑，经过论证并报主管部门批准，可提高一级；失事后造成损失不大的水利水电工程的 1～4 级主要永久性水工建筑，经过论证并报主管部门批准，可降低一级。

（2）水库大坝按表 1-2 规定为 2、3 级的永久性水工建筑物，如坝高超过表 1-3 的规定指标，其级别可提高一级，但洪水标准可不提高。

（3）当永久性水工建筑物基础的工程地质条件复杂或采用新型结构时，对 2～5 级建筑物可提高一级设计，但洪水标准可不提高。

临时性水工建筑物是指水利水电工程施工时所使用的建筑物。水利水电工程施工期间使用的临时性挡水和泄水建筑物级别，根据保护对象的重要性、失事后果、使用年限和临时性建筑物的规模，按表 1-4 确定。

表 1-2　　永久性水工建筑物级别的划分

工程等别	主要建筑物	次要建筑物
Ⅰ	1	3
Ⅱ	2	3
Ⅲ	3	4
Ⅳ	4	5
Ⅴ	5	5

表 1-3　　水库大坝堤级指标

级 别	坝 型	坝 高（m）
2	土石坝	90
	混凝土坝、浆砌石坝	130
3	土石坝	70
	混凝土坝、浆砌石坝	100

表 1-4　　　　　临时性水工建筑物级别的划分

级别	保护对象	失 事 后 果	使用年限（年）	临时性水工建筑物规模 高度（m）	库容（亿 m³）
3	有特殊要求的 1 级永久性水工建筑物	淹没重要城镇、工矿企业、交通干线或推迟总工期及第一台（批）机组发电，造成重大灾害和损失	>3	>50	>1.0
4	1、2 级永久性水工建筑物	淹没一般城镇、工矿企业、或影响工程总工期及第一台（批）机组发电而造成较大经济损失	3～1.5	50～15	1.0～0.1
5	3、4 级永久性水工建筑物	淹没基坑、但对总工期及第一台（批）机组发电影响不大，经济损失较小	<1.5	<15	<0.1

当临时性水工建筑根据表 1-4 的分级指标分属不同级别时，其级别按表中最高级别确定。但对三级临时性水工建筑物，符合该级别规定的指标不得少于两项。

第三节　水工建筑物的特点与本课程的学习方法

一、水工建筑物的特点

水工建筑物由于水的作用和影响，与其它建筑物相比有以下特点：

（1）工作条件复杂。水的作用将产生各种作用力。建筑物挡水时，作用有静水压力、风浪压力、浮托力、冰压力及渗透压力等，将对建筑物的抗滑稳定产生不利影响；同时，还会在建筑物内部及地基中产生渗透水流，可能产生渗透变形破坏。建筑物泄水时，将产生动水压力，高速水流还可能对建筑物产生空蚀、振动以及对河床产生冲刷。

（2）施工条件艰巨。在河道中建造水工建筑物，比陆地上的建筑物施工要艰巨得多，首先要解决施工导流问题，为工程建设创造施工空间；其次是施工技术复杂，如大体积混凝土施工的温控措施和复杂的地基处理；第三是地下、水下工程多，施工难度大。再加上工程量大、截流、度汛要抢时间，因此，水工建筑物的施工条件是非常艰巨的。

（3）对环境有多方面影响。大型水利枢纽的建设，对人类社会将产生较大影响，同时由于改变了河流的自然条件，对生态环境、自然景观，甚至对区域气候等方面都会产生较大影响。有利的影响方面有：绿化环境，改良土壤，形成旅游和疗养场所，甚至发展成为新兴城市等。但也有不利的一面，由于库水位抬高，需要移民和迁建；库区周围地下水位升高，对矿井、铁路、农田等产生不良影响；甚至由水温、水质等因素使库区附近的生态平衡发生变化；对地震多发区，建水库后可能诱发地震；库尾的泥沙淤积，可能使航道恶化等。

（4）对国民经济的发展影响巨大。一个综合性的大型蓄水水利枢纽，其作用集防洪、发电、灌溉、供水、航运及改善环境于一身，建成运行后将产生巨大的经济效益和社会效益。但是，一旦失事将会给下游造成巨大的灾害，其后果不堪设想。

二、本课程的学习方法

水工建筑物是一门综合性和实践性都很强的专业课，学习中要密切联系已学过的专业基础课程和相关专业课程；注意掌握一般水工建筑物的特点、类型及构造原理，并注重理论联系实际，有条件的要多利用实物进行现场参观学习；通过作业、课程综合练习、实习等环节，锻炼和培养解决实际问题的能力。

第二章 重 力 坝

第一节 重力坝的特点和类型

一、重力坝的特点

重力坝是一种古老而应用广泛的坝型,通常修建在岩基上,一般用混凝土或浆砌石筑成。坝轴线一般为直线,垂直坝轴线方向设有伸缩缝,将坝体分为若干个独立坝段,以适应温度变化和地基不均匀沉陷。图2-1为重力坝示意图,坝的横剖面基本上是上游近于铅直的三角形,如图2-2所示。

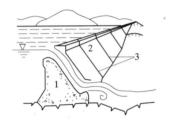

图 2-1 重力坝示意图
1—溢流坝段;2—非溢流
坝段;3—伸缩缝

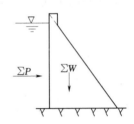

图 2-2 重力坝横剖面

重力坝承受荷载时,主要依靠自重保持坝体稳定和满足强度要求。因此,与其它坝型相比,具有以下特点:

(1)泄洪和施工导流比较容易解决。重力坝所用材料抗冲能力较强,适于在坝顶溢流和在坝身设置泄水孔泄洪,施工期间用于导流。一般不需要在坝体以外另设溢洪道和泄洪隧洞。非常情况下,即使从非溢流坝顶溢过少量洪水,一般也不会导致坝体失事,这是重力坝的一个最大优点。

(2)安全可靠,结构简单,便于施工。重力坝剖面尺寸大,筑坝材料强度高,耐久性好,抗冲、抗渗能力强,故安全性较高。而且结构较简单,放样、立模、混凝土浇筑和振捣都比较方便,有利于机械化施工。但由于剖面尺寸大,坝体内部应力通常较小,材料强度不能充分发挥。

(3)对地形、地质条件的适应性较好。任何形状的河谷都可以修建重力坝。因为坝体作用于坝基面上的压应力不大,所以对地质条件的要求也比较低(与拱坝相比)。又因重力坝沿坝轴线方向被横缝分为若干个独立坝段,所以能较好适应各种非均质地基。

(4)受扬压力的影响较大。重力坝挡水后,渗透水流将对坝体、坝基产生扬压力。由于坝体与坝基接触面较大,所以受扬压力的影响也大。扬压力将抵消部分坝体重量,对坝体稳定和应力情况不利。

(5) 水泥用量多，需采取温控措施。由于混凝土重力坝体积大、水泥用量多、水化热大，散热条件差，施工期间一般需采取温控措施降温、散热，控制裂缝和防止出现危害性裂缝，保证坝体施工质量。

二、重力坝的类型

重力坝按坝的高度可分为高坝、中坝、低坝三类。坝高大于70m的为高坝；30～70m之间的为中坝；小于30m的为低坝。坝高系指坝基最低面（不包括局部深槽或井、洞）至坝顶路面的高度。

按筑坝材料可分为混凝土重力坝和浆砌石重力坝。重要的和较高的重力坝，多采用混凝土建造；中、低坝也可采用浆砌石建造。

按泄水条件可分为溢流坝和非溢流坝。坝体内设有泄水底孔的坝段和溢流坝段统称为泄水坝段，非溢流坝段也叫挡水坝段（图2-1）。

按坝的结构形式可分为实体重力坝、宽缝重力坝（图2-3）、空腹重力坝（图2-4）等。

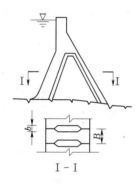 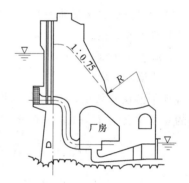

图2-3　宽缝重力坝示意图　　　　图2-4　枫树水电站的空腹重力坝

第二节　重力坝的荷载及其组合

荷载也称作用。重力坝的主要荷载有：自重、水压力、扬压力、浪压力（或冰压力）、泥沙压力及地震荷载等。

一、荷载计算

1. 自重（包括永久设备重，如闸门、启闭机等）

$$G = \gamma_1 V \tag{2-1}$$

式中　G——坝体自重，kN；

γ_1——筑坝材料重度，kN/m³；

V——重力坝体积，m³。

2. 水压力

(1) 挡水坝段的静水压力。坝面上任意处的静水压强为 $p = \gamma Y$，其中 γ 为水的重度，Y 为计算点距水面深度。对于倾斜或有折坡的坝面，可将水压力分为水平水压力和垂直水压力分别计算（见图2-5）。

（2）溢流坝的水压力。溢流坝段的坝顶闸门关闭挡水时，静水压力计算同挡水坝段。泄水时，作用在上游坝面的水压力受到溢流的影响，可通过水工模型试验测定。在初步设

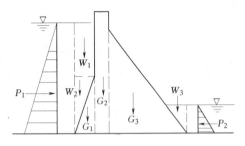

图 2-5　挡水坝的静水压力

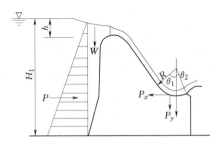

图 2-6　溢流坝的水压力

计和缺少实验条件时，可按式（2-2）近似计算（图 2-6）。

$$P = \frac{1}{2}\gamma(H_1^2 - h^2) \tag{2-2}$$

式中　P——单位坝长上的上游水平压力，kN/m；

　　　H_1——上游水深，m；

　　　h——溢流坝顶水深，m；

　　　γ——水的重度，kN/m^3。

（3）溢流坝下游反弧段的动水压力。可根据流体动量方程求得。单位坝长在该反弧段上动水压力的总水平分力 P_x 和总垂直分力 P_y 的计算公式如下：

$$P_x = \frac{\gamma q v}{g}(\cos\theta_2 - \cos\theta_1) \quad (kN) \tag{2-3}$$

$$P_y = \frac{\gamma q v}{g}(\sin\theta_2 + \sin\theta_1) \quad (kN) \tag{2-4}$$

式中　q——鼻坎处单宽流量，m^3/s·m；

　　　v——反弧段上的平均流速，m/s；

　θ_1、θ_2——反弧段圆心竖线左、右的中心角。

　　P_x、P_y 的作用点可近似地认为作用在反弧段中央，其方向以图 2-6 所示为正。

3. 扬压力

（1）坝基面上的扬压力。扬压力包括上、下游水位差产生的渗透压力和下游水深产生的浮托力两部分，其大小可按扬压力分布图形计算。影响扬压力分布图的因素很多，可根据坝基地质条件、降压措施、坝的结构形式分别选用扬压力图形。

1）坝基设有防渗帷幕和排水幕的实体重力坝。防渗帷幕是在岩基中钻孔灌浆而成的，作用是阻挡渗水，消减水头；排水幕是一排由钻机钻成的排水孔，能使部分渗透水流自由排出，使渗透压力进一步降低，其扬压力分布情况如图 2-7 所示。矩形部分是下游水深 H_2 产生的浮托力，压强值为 γH_2，折线部分是上、下游水位差 H 产生的渗透压力，上游压强值为 γH，

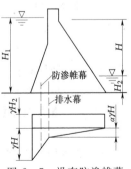

图 2-7　设有防渗帷幕排水幕的坝基扬压力

下游为零,排水幕处为$\alpha\gamma H$。α为剩余水头系数,河床坝段采用$\alpha=0.25$,岸坡坝段采用$\alpha=0.35$。

2) 采用抽排降压措施的实体重力坝。防渗帷幕和排水幕只能减小渗透压力,而不能降低浮托力。为了更有效地降低扬压力,可以在坝体廊道内设置排水系统、集水井和抽水设备,进行定时抽排,此时,坝基扬压力分布如图2-8所示。图中α_1为主排水幕处的扬压力剩余系数,取$\alpha_1=0.2$;α_2为坝基面上残余扬压力系数,可采用0.5。

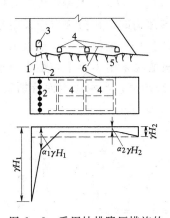

图 2-8 采用抽排降压措施的
坝基面的扬压力
1—防渗帷幕;2—主排水幕;3—灌浆廊道;
4—纵向排水廊道;5—基岩面;6—横向排水

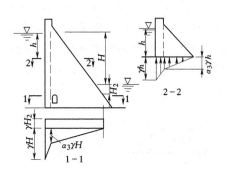

图 2-9 坝体内部的扬压力

(2) 坝体内部的扬压力。渗透水流除在坝基面产生渗透压力外,渗入坝体内部的水流也要产生渗透压力。为减小坝体内的渗透压力,常在坝体上游面附近的3~5m范围内,提高混凝土的防渗性能,形成防渗层,并在防渗层后设坝身排水管。但防渗层往往存在薄弱部位,所以,在坝体扬压力计算时,不考虑上游防渗层的作用,按图2-9所示的分布图进行计算。图中α_3取0.2。当无坝身排水管时,渗透压力按三角形分布计算。

4. 泥沙压力

水库正常运用后,泥沙逐年淤积在坝前,对坝体产生泥沙压力。按淤沙年限50~100年估算出淤沙高程,参照经验数据,作主动土压力计算:

$$P_n = \frac{1}{2}\gamma_n h_n^2 \tan^2\left(45° - \frac{\varphi_n}{2}\right)(kN/m) \qquad (2-5)$$

式中　γ_n——泥沙的浮重度,一般为6.5~9.0 kN/m³;

h_n——泥沙的淤积厚度,m;

φ_n——泥沙的内摩擦角,淤积时间较长的粗颗粒泥沙,取$\varphi_n=18°\sim20°$;粘土质淤积物,取$\varphi_n=12°\sim14°$;极细的淤泥、粘土和胶质颗粒,取$\varphi_n=0°$。

当坝体上游面倾斜时,垂直泥沙压力按作用在坝面上的土重计算。

5. 浪压力

(1) 波浪要素。水库水面在风的作用下产生波浪,波浪对坝面的冲击力称为浪压力。波浪要素包括波浪高度$2h_l$,波浪长度$2L_l$和波浪中心线超出静水面的高度h_0等(图

2-10）。对于山区峡谷水库，采用官厅水库公式计算 $2h_l$ 和 $2L_l$：

$$\frac{g(2h_l)}{V^2}=0.0076V^{-1/12}\left(\frac{gD}{V^2}\right)^{1/3} \tag{2-6}$$

$$\frac{g(2L_l)}{V^2}=0.331V^{-1/2.15}\left(\frac{gD}{V^2}\right)^{1/3.75} \tag{2-7}$$

上式中，$2h_l$ 为波浪高度（m）。当 $gD/V^2=20\sim250$ 时，为累计频率 5% 的波高；当 $gD/V^2=250\sim1000$ 时，为累计频率 10% 的波高。计算浪压力时，规范规定应采用累计频率为 1% 的波高。对应于 5% 的波高，应乘以 1.24；对应于 10% 的波高，应乘以 1.41。V 为计算风速（m/s），设计情况采用 50 年一遇风速，校核情况采用多年平均最大风速。D 为吹程（m），可取坝前沿水面到水库对岸水面的最大直线距离；当水库水面特别狭长时，以 5 倍平均水面宽计算（图 2-11）。

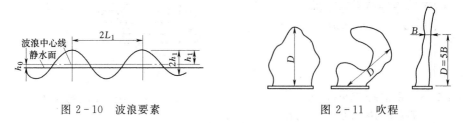

图 2-10　波浪要素　　　　　　　　　　图 2-11　吹程

该式的适用范围是：吹程 $D<20$ km，风速 $V<20$ m/s。

波浪中心线高出静水位的高度 h_0（见图 2-10）按下式计算：

$$h_0=\frac{4\pi h_l^2}{2L_l}\mathrm{cth}\frac{\pi H_1}{L_l} \quad (\text{m}) \tag{2-8}$$

式中　H_1——坝前水库水深，m；

　　　cth——双曲线余切。

当 $H_1>L_l$ 时，$\mathrm{cth}\dfrac{\pi H_1}{L_l}\approx1.0$，上式可简化为

$$h_0=\frac{4\pi h_l^2}{2L_l}\approx0.61h_l \tag{2-9}$$

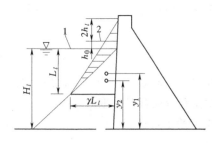

图 2-12　浪压力

1—水库静水位；2—波高中心线

（2）浪压力。当重力坝迎水面为铅直或接近铅直时，波浪推进到坝前因受阻而壅高为驻波，其波高变为 $4h_l$，而波长不变，仍为 $2L_l$，此时波浪在静水位以上的高度为 $2h_l+h_0$。

当 $H_1>L_l$，且上游坝面陡于 1:1 时（其它情况从略），浪压力可按图 2-12 所示图形求得，计算公式如下：

$$P_l=\frac{\gamma(L_l+2h_l+h_0)L_l}{2}-\frac{\gamma L_l^2}{2} \tag{2-10}$$

$$M_l = \frac{\gamma(L_l + 2h_l + h_0)L_l}{2}y_1 - \frac{\gamma L_l^2}{2}y_2$$

$$y_1 = H_1 - L_l + \frac{1}{3}(L_l + 2h_l + h_0)$$

$$y_2 = H_1 - \frac{2}{3}L_l$$

(2-11)

6. 地震力

在地震区筑坝,必须考虑地震的影响。地震对建筑物的影响,用地震烈度表示。地震设计烈度为7度和7度以上的地区应考虑地震力,6度及6度以下的地区不考虑地震力。地震力又包括建筑物重量引起的地震惯性力、地震动水压力和动土压力,具体计算参阅 SL 203—97《水工建筑物抗震设计规范》。

7. 冰压力

(1)静冰压力。库水结冰后,当气温升高时,冰层膨胀对坝面产生的压力称为静冰压力。静冰压力的标准值按表2-1采用。

表 2-1   静 冰 压 力 标 准 值

冰 层 厚 度(m)	0.4	0.6	0.8	1.0	1.2
静冰压力标准值(kN/m)	85	180	215	245	280

注 1. 冰厚取多年平均最大值。
    2. 对小型水库,应将表中静冰压力标准值乘以0.87后采用;对于库面开阔的大型平原水库,应乘以1.25后采用。

(2)动冰压力。运动中的冰块对建筑物产生的撞击力,称为动冰压力。

1)冰块撞击在铅直坝面上的动冰压力按下式计算:

$$P_{bd} = 0.07V_b d_b \sqrt{A_b f_{ie}} \quad (\text{kN})$$

(2-12)

式中 f_{ic}——冰的抗压强度,水库采用300kPa,对河流,流冰初期采用450kPa,后期采用300kPa;

V_b——冰块流速,一般不大于0.6m/s;

A_b——冰块面积,m²;

d_b——冰块厚度,m。

2)冰块撞击在铅直闸墩上的动冰压力按下式计算:

$$P'_{bd} = mR_b B d_b \quad (\text{kN})$$

(2-13)

式中 R_b——冰的抗压强度,在结冰初期采用750kPa,末期采用450kPa;

B——闸墩在冰层平面处的宽度,m;

m——闸墩的平面形状系数,按表2-2采用。

表 2-2   闸 墩 平 面 形 状 系 数

闸墩的平面形状	半圆形或多边形	矩 形	三角形(顶端角度 α)					
			45°	60°	75°	90°	120°	150°
形状系数 m	0.9	1.0	0.54	0.59	0.64	0.69	0.77	1.00

二、荷载组合

作用在重力坝上的各种荷载，除自重外，都有一定的变化范围。设计时，应根据各种荷载同时作用的可能性，选择不同的荷载组合进行核算。重力坝的荷载组合可分为基本组合和偶然组合两大类，按其作用状况，又可分为持久状况、短暂状况、偶然状况三种。具体荷载组合详见表2-3。

表 2-3　　　　　　　　　　　　荷　载　组　合

设计状况	作用组合	主要考虑情况	作 用 类 别									备　注
			自重	静水压力	扬压力	淤沙压力	浪压力	冰压力	动水压力	土压力	地震作用	
持久状况	基本组合	1. 正常蓄水位情况	(1)	(2)	(2)	(3)	(6)①	—	—	(4)	—	土压力根据坝体外是否有填土而定（下同），以发电为主的水库
		2. 防洪高水位情况	(1)	(5)	(5)	(3)	(6)①	—	(5)	(4)	—	以防洪为主的水库，正常蓄水位较低
		3. 冰动情况	(1)	(2)	(2)	(3)	—	(7)	—	(4)	—	静水压力及扬压力按相应冬季库水位计算
短暂状况	基本组合	施工期临时挡水情况	(1)	(2)	(2)					(4)		
偶然状况	偶然组合	1. 校核洪水情况	(1)	(9)	(9)	(3)	(6)②	—	(9)	(4)	—	
		2. 地震情况	(1)	(2)	(2)	(3)	(6)②	—	—	(4)	(10)	静水压力、扬压力和浪压力按正常蓄水位计算，有论证时可另作规定

注　1. 应根据各种作用同时发生的概率，选择计算中最不利组合。
　　2. 根据地质及其它条件，如考虑运用时排水设备易于堵塞，需经常维修时，应考虑排水失效的情况，作为偶然组合。

基本组合有下列永久和可变作用产生的效应组合：

(1) 建筑物自重（包括永久设备重）。

(2) 发电为主的水库，上游正常蓄水位（或施工期临时挡水位），按照功能运用要求建筑物泄放最小流量的下游水位，而排水及防渗设施正常工作时的水荷载：①大坝上、下游面的静水压力；②扬压力。

(3) 大坝上游淤沙压力。

(4) 大坝上、下游侧土压力。

(5) 防洪为主的水库，按防洪高水位及相应的下游水位的水荷载，且排水及防渗设施正常工作：①大坝上、下游面的静水压力；②扬压力；③相应泄洪时的动水压力。

(6) 浪压力：①50年一遇风速引起的浪压力；②多年平均最大风速引起的浪压力。

(7) 冰压力。

(8) 其它机会出现较多的作用。

偶然组合应在基本组合下，计入下列的一个偶然作用：

（9）建筑物泄放校核洪水（偶然状况）流量时，上、下游水位的水荷载，且排水及防渗设施正常工作：①大坝上、下游面的静水压力；②扬压力；③相应泄洪时的动水压力。

（10）地震作用。

（11）其它出现机会很少的作用。

第三节 重力坝的抗滑稳定计算与应力分析

一、重力坝的稳定计算

抗滑稳定计算是重力坝设计的一项重要内容，其目的是核算坝体沿坝基面、混凝土层面或地基深层软弱结构面的抗滑稳定极限状态，以保证坝体抗滑稳定的安全性能。

岩基上的重力坝可能的失稳形式有以下两种类型。一种是沿坝体抗剪能力不足的薄弱层面产生滑动，包括沿坝体与基岩接触面的滑动和坝体混凝土的水平施工缝层面以及沿坝基岩体内连续软弱结构面产生的深层滑动；另一种是在各种荷载作用下，上游坝踵产生拉应力导致裂缝，或下游坝趾压应力过大，受压岩体混凝土被压碎而引起倾覆破坏。

重力坝的抗滑稳定计算按承载能力极限状态进行计算和验算，并考虑下列两种作用效应组合：

（1）基本组合——持久状况（或短暂状况）下，永久作用或短暂作用的效应组合。

（2）偶然组合——偶然状况下，永久作用、可变作用与一种偶然作用的荷载组合。

（一）承载能力极限状态表达式

1. 基本组合

对基本组合，采用下列极限状态设计表达式

$$\gamma_0 \psi S(\gamma_G G_K, \ \gamma_Q Q_K, \ a_k) \leqslant \frac{1}{\gamma_{d1}} R\left(\frac{f_K}{\gamma_m}, \ a_k\right) \tag{2-14}$$

式中　　γ_0——结构重要性系数，对应于结构安全级别为Ⅰ、Ⅱ、Ⅲ级的结构及构件，可分别取用 1.1、1.0、0.9；

ψ——设计状况系数，对应于持久状况、短暂状况、偶然状况，可分别取用 1.0、0.95、0.85；

$S(\cdot)$——作用效应函数；

$R(\cdot)$——结构及构件抗力函数；

γ_G、γ_Q——永久作用、可变作用分项系数，见表 2-4；

G_K——永久作用标准值；

Q_K——可变作用标准值；

a_k——几何参数标准值；

f_K——材料性能标准值；

γ_m——材料性能分项系数，见表 2-5；

γ_{d1}——基本组合结构系数，见表 2-6。

2. 偶然组合

对偶然组合，采用下列极限状态设计表达式

$$\gamma_0 \psi S(\gamma_G G_K, \ \gamma_Q Q_K, \ A_K, \ a_k) \leqslant \frac{1}{\gamma_{d2}} R\left(\frac{f_K}{\gamma_m}, \ a_k\right) \qquad (2-15)$$

式中　A_K——偶然作用代表值；

　　　γ_{d2}——偶然组合结构系数，见表 2-6。

上述表达式中，作用效应函数 $S(\cdot)$ 中的作用取设计值，即标准值乘以分项系数；抗力函数 $R(\cdot)$ 中的抗力亦取设计值，即用标准值除以材料性能分项系数。

表 2-4　　　　　　　　　永久作用和可变作用分项系数

序号	作 用 类 别	分 项 系 数
1	自 重	1.0
2	水压力 1）水压力； 2）动水压力：时均压力、离心力、冲击力、脉动压力	1.0 1.05、1.1、1.1、1.3
3	扬压力 1）渗透压力； 2）浮托力； 3）扬压力（有抽排）； 4）残余扬压力（有抽排）	1.2（实体重力坝）、1.1（宽缝、空腹重力坝） 1.0 1.1（主排水孔之前） 1.2（主排水孔之前）
4	淤沙压力	1.2
5	浪压力	1.2

注　其它作用分项系数参见 DL 5077—1997。

表 2-5　　　　　　　　材料性能分项系数 γ_m

序 号	材 料 性 能		分项系数	备　　　注
1	抗剪断强度 1）混凝土/基岩	摩擦系数 f'_R 粘聚力 c'_R	1.3 3.0	
	2）混凝土/混凝土	摩擦系数 f'_c 粘聚力 c'_c	1.3 3.0	包括常态混凝土和碾压混凝土层面
	3）基岩/基岩	摩擦系数 f'_d 粘聚力 c'_d	1.4 3.2	
	4）软弱结构面	摩擦系数 f'_d 粘聚力 c'_d	1.5 3.4	
2	混凝土强度	抗压强度 f_c	1.5	

表 2-6　　　　　　　　　　结 构 系 数 γ_d

序 号	项　　目	组合类型	结构系数	备　　　注
1	抗滑稳定极限状态设计式	基本组合 偶然组合	1.2 1.2	包括建基面、层面、深层滑动面
2	混凝土抗压极限状态设计式	基本组合 偶然组合	1.8 1.8	

（二）坝体与坝基接触面的抗滑稳定计算

（1）作用效应函数

$$S(\cdot)=\sum P_R \qquad (2-16)$$

（2）抗滑稳定抗力函数

$$R(\cdot)=f'_R\sum W_R+c'_R A_R \qquad (2-17)$$

式中　$\sum P_R$——坝基面上全部切向作用之和，kN；

　　　　f'_R——坝基面抗剪断摩擦系数，见表 2-7；

　　　　W_R——坝基面上全部法向作用之和，kN；

　　　　c'_R——坝基面抗剪断粘聚力，kPa，见表 2-7；

　　　　A_R——坝基面的面积，m^2。

核算坝基面抗滑稳定极限状态时，其荷载组合计算，应按材料的标准值和作用的标准值或代表值分别计算基本组合和偶然组合；而抗滑稳定核算，作用和材料均应采用设计值。核算结果应满足：$\gamma_0\psi S(\cdot)\leqslant\dfrac{1}{\gamma_d}R(\cdot)$。

（三）提高坝体抗滑稳定的措施

（1）利用水重。把迎水面做成倾斜的或折坡形，利用坡面以上的水重增加稳定性。但坡度不宜过缓，否则，坝踵可能产生拉应力。

（2）减小扬压力。加强排水、防渗措施。

（3）提高坝基面的抗剪断参数 f'、c'。措施有：将坝基开挖成"大平小不平"等形式；对整体性较差的地基进行固结灌浆；设置齿墙或抗剪键槽等。

（4）增大筑坝材料重度。有效方法是在坝体混凝土中埋置重度大的块石。

（5）预应力锚固措施。一般是在靠近坝体上游面采用深孔锚固预应力钢索，既增加了坝体稳定性，又可消除坝踵处的拉应力。

二、重力坝的应力分析

（一）重力坝应力分析的目的和方法

应力分析的主要目的是：①验算拟定坝体断面是否经济合理；②确定坝内材料分区；③为某些部位的配筋提供依据。

常用的分析方法有理论计算和模型试验两大类。中、小型工程，一般采用理论计算方法即可。理论计算法又包括材料力学法和弹性理论的解析法、有限元法，其中材料力学法是一种简便而较实用的方法。

（二）用材料力学法计算坝体边缘应力

材料力学法通常沿坝轴线取单位宽度（1m）的坝体作为计算对象。坝体的最大和最小应力一般发生在上、下游坝面，所以，应首先计算坝体边缘应力。计算简图及荷载、应力的正方向，如图 2-13 所示。

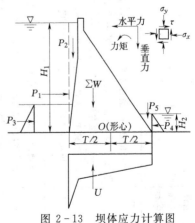

图 2-13　坝体应力计算图

15

表 2-7

坝基、坝体抗滑稳定抗剪断参数值

岩体工程分类	坝基岩体特性	岩体基本参数变化范围类比值	接触面抗剪断参数均值和标准值				岩体抗剪断参数均值和标准值			
			μ'_{fR}	f'_{Rk}	μ'_{cR} (MPa)	c'_{Rk} (MPa)	μ'_{fd}	f'_{dk}	μ'_{cd} (MPa)	c'_{dk} (MPa)
I	致密坚硬的、新鲜完整的、厚及巨厚层结构的岩体。裂隙不发育，裂隙间距大于100cm，无贯穿性的软弱结构面，稳定性构造好。如岩性较单一的岩浆岩及火山岩类、深变质岩（块状片麻岩、混合岩等）、巨厚层沉积岩	具有各向同性的力学特性 $R_b > 100MPa$ $v_p > 5000m/s$ $E_r > 20000MPa$	1.50 ~ 1.30	1.25 ~ 1.08	1.50 ~ 1.30	1.05 ~ 0.91	1.60 ~ 1.40	1.35 ~ 1.16	2.50 ~ 2.00	1.75 ~ 1.40
II	坚硬的、裂隙较发育的、微风化的较完整块状、厚层及次块状结构的较完整岩体。裂隙间距为100~50cm。厚层砂岩、砾岩、未溶蚀的石灰岩、白云岩、石英岩、火山碎屑岩等。除局部地段外、整体稳定性较好（包括裂隙发育，经过灌浆处理的岩体）	具有各向同性的力学特性 $R_b = 100 \sim 60MPa$ $v_p = 5000 \sim 4000m/s$ $E_r = 20000 \sim 10000MPa$	1.30 ~ 1.10	1.08 ~ 0.92	1.30 ~ 1.10	0.91 ~ 0.77	1.40 ~ 1.20	1.16 ~ 1.10	2.00 ~ 1.50	1.40 ~ 1.05
III	中等坚硬的、完整性较差的、裂隙发育的弱风化块状、镶嵌状，中厚层状结构岩体。裂隙间距为50~30cm。岩体稳定性受结构面控制。如风化的I类岩；石灰岩、砂岩、砾岩及均一性较差的胶结不良砾岩，集块岩等	力学特性一致性差较大，明显受结构面控制 $R_b = 60 \sim 30MPa$ $v_p = 4000 \sim 3000m/s$ $E_r = 10000 \sim 5000MPa$	1.10 ~ 0.90	0.90 ~ 0.73	1.10 ~ 0.70	0.74 ~ 0.47	1.20 ~ 0.80	0.98 ~ 0.65	1.50 ~ 0.70	1.00 ~ 0.47
IV	完整性较差的、裂隙的碎裂及互层状结构岩体。强度较低的、强风化的中~薄层状结构岩体；中等风化的碎裂岩体，裂隙间距小于30cm。砂岩、凝灰岩、云母片岩、千枚片岩、页岩、泥岩、粉砂岩等。岩体整体强度较低（作为坝基，必须进行专门性地基处理）	力学特性一致性显著不均一 $R_b = 30 \sim 15MPa$ $v_p = 3000 \sim 2000m/s$ $E_r = 5000 \sim 2000MPa$	0.90 ~ 0.70	0.71 ~ 0.55	0.70 ~ 0.50	0.45 ~ 0.32	0.80 ~ 0.55	0.63 ~ 0.43	0.70 ~ 0.30	0.45 ~ 0.19

注：
1. 表中所列岩石名称供参考，同一岩石的分类主要由基本参数决定。
2. 岩体抗剪断参数变异系数参考接触面抗剪断参数变异系数取值。
3. R_b 为饱和抗压强度；v_p 为声波纵波速；E_r 为变形模量。

1. 水平截面上的边缘正应力 σ_{yu} 和 σ_{yd}

$$\left.\begin{array}{c}\sigma_{yu}\\\sigma_{yd}\end{array}\right\} = \frac{\sum W}{T} \pm \frac{6\sum M}{T^2} \qquad (2-18)$$

式中 $\sum W$——计算截面以上所有垂直分力的代数和（向下为正），kN；

$\sum M$——计算截面以上所有作用力对截面形心的力矩代数和（逆时针方向为正），kN·m；

T——坝体计算截面沿上下游方向的水平宽度，m。

2. 剪应力 τ_u 和 τ_d

已知 σ_{yu} 和 σ_{yd} 以后，可根据边缘微元体的平衡条件解出上、下游边缘剪应力，见图 2-14（a）。由平衡条件 $\sum y=0$ 可得：

$$\tau_u = (p_u - \sigma_{yu})n \quad (\text{kPa}) \qquad (2-19)$$

$$\tau_d = (\sigma_{yd} - p_d)m \quad (\text{kPa}) \qquad (2-20)$$

式中 p_u、p_d——计算截面处上、下游坝面的水压力强度（如有泥沙压力和地震水压力时也应计算在内），kPa；

n、m——计算截面处上、下游坝面的坡率，$n=\tan\phi_u$，$m=\tan\phi_d$。

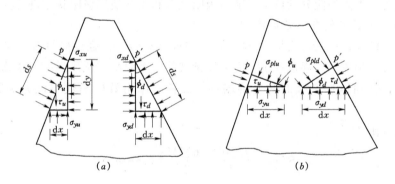

图 2-14 边缘应力计算图

3. 垂直截面上的边缘正应力 σ_{xu} 及 σ_{xd}

仿照求边缘剪应力的方法，对微分单元体取 $\sum x=0$，可得：

$$\sigma_{xu} = p_u - (p_u - \sigma_{yu})n^2 \quad (\text{kPa}) \qquad (2-21)$$

$$\sigma_{xd} = p_d + (\sigma_{yd} - p_d)m^2 \quad (\text{kPa}) \qquad (2-22)$$

4. 边缘主应力 σ_{1u} 及 σ_{1d}

由材料力学可知，主应力作用面上无剪应力，故上、下游坝面即为主应力面之一，另一主应力面与坝面垂直。根据图 2-14（b）所示微元体，由平衡条件 $\sum y=0$，可得：

$$\sigma_{1u} = \sigma_{yu}(1+n^2) - p_u n^2 \quad (\text{kPa}) \qquad (2-23)$$

$$\sigma_{1d} = \sigma_{yd}(1+m^2) - p_d m^2 \quad (\text{kPa}) \qquad (2-24)$$

坝面水压力强度即为另一个主应力：

$$\sigma_{2u} = p_u \quad (\text{kPa}) \qquad (2-25)$$

$$\sigma_{2d} = p_d \quad (\text{kPa}) \qquad (2-26)$$

5. 计入扬压力作用时的应力计算

用式（2-18）计算 σ_{yu} 和 σ_{yd} 时，只要在 W、M 中计入了扬压力的作用，则 σ_{yu}、σ_{yd} 的计算结果就是计入扬压力后的结果。但式（2-19）~式（2-26）只适用于不计扬压力的情况。当考虑扬压力作用时，将扬压力作为孔隙水压力计算即可。这样，除 σ_{yu}、σ_{yd} 外，以上各公式表达为

$$\tau_u = (p_u - p_{uu} - \sigma_{yu})n \quad (\text{kPa})$$

$$\tau_d = (\sigma_{yd} + p_{ud} - p_d)m \quad (\text{kPa})$$

$$\sigma_{xu} = (p_u - p_{uu}) - (p_u - p_{uu} - \sigma_{yu})n^2 \quad (\text{kPa})$$

$$\sigma_{xd} = (p_d - p_{ud}) + (\sigma_{yd} + p_{ud} - p_d)m^2 \quad (\text{kPa})$$

$$\sigma_{1u} = \sigma_{yu}(1 + n^2) - (p_u - p_{uu})n^2 \quad (\text{kPa})$$

$$\sigma_{1d} = \sigma_{yd}(1 + m^2) - (p_d - p_{ud})m^2 \quad (\text{kPa})$$

$$\sigma_{2u} = p_u - p_{uu} \quad (\text{kPa})$$

$$\sigma_{2d} = p_d - p_{ud} \quad (\text{kPa})$$

（三）强度校核

规范规定，重力坝应分别按承载能力极限状态和正常使用极限状态进行强度验算。

1. 承载能力极限状态强度验算

承载能力极限状态表达式见式（2-14）与式（2-15）。强度验算时，应考虑基本组合和偶然组合两种情况。规范规定，重力坝承载能力极限状态抗压强度的核算点有：①坝基面的坝趾；②坝体选定截面的下游端点。二者的作用效应函数与抗力函数统一表达如下。

作用效应函数：

$$S(\cdot) = \left(\frac{\sum W}{T} - \frac{6\sum M}{T^2} \right)(1 + m^2) \tag{2-27}$$

抗压强度极限状态抗力函数：

$$R(\cdot) = f_c \quad \text{或} \quad R(\cdot) = f_R \tag{2-28}$$

式中　　f_c——混凝土抗压强度，kPa；

　　　　f_R——基岩抗压强度，kPa。

公式中的作用（荷载）与抗压强度均取设计值。核算结果亦应满足：$\gamma_0 \psi S(\cdot) \leqslant \dfrac{1}{\gamma_d} R(\cdot)$。

2. 正常使用极限状态验算

（1）正常使用极限状态表达式。正常使用极限状态包括作用效应的短期组合和长期组合两种情况。对于短期组合，采用下列设计表达式：

$$\gamma_0 S_s(G_K, Q_K, f_K, a_K) \leqslant C_1 / \gamma_{d3} \tag{2-29}$$

对于长期组合，采用下列设计表达式：

$$\gamma_0 S_1(G_K, \rho Q_K, f_K, a_K) \leqslant C_2 / \gamma_{d4} \tag{2-30}$$

式中　　　　　　C_1，C_2——结构的功能限值；

　　$S_s(\cdot)$，$S_1(\cdot)$——作用效应的短期组合、长期组合时的效应函数；

γ_{d3}，γ_{d4}——正常使用极限状态短期组合、长期组合时的结构系数；

ρ——可变作用标准值的长期组合系数，取 $\rho = 1$。

（2）正常使用极限状态验算。按规范规定，应核算的内容有：

1）长期组合时，坝踵和坝体上游坝面的垂直应力均不出现拉应力（计扬压力），即

$$\frac{\sum W}{T} + \frac{6\sum M}{T^2} \geqslant 0 \qquad (2-31)$$

2）短期组合时，下游坝面的垂直拉应力不大于 100kPa，即

$$\frac{\sum W}{T} - \frac{6\sum M}{T^2} \leqslant 100\,(\text{kPa}) \qquad (2-32)$$

正常使用极限状态作用函数中的作用取标准值，即各项作用的分项系数均为 1。

【例 2-1】 某混凝土重力坝为 3 级建筑物，剖面尺寸如图 2-15 所示。防洪高水位 177.2m，相应下游水位 154.3m；校核洪水位 177.8m，相应下游水位 154.7m；正常高水位 176.0m，相应下游水位 154.0m；死水位 160.4m，淤沙高程 160.4m；淤沙的浮重度为 8.0kN/m³，内摩擦角 $\varphi = 18°$；混凝土强度等级为 C10，标准抗压强度 $f_{Kc} = 10\text{MPa}$，混凝土重度取 24kN/m³；坝基为较完整的微风化花岗片麻岩，标准抗压强度 $f_{KR} = 80\text{MPa}$；帷幕及排水孔的中心线距上游坝脚分别为 5.3m 和 6.8m。地震设计烈度为 6 度；50 年一遇风速 22.5m/s；水库吹程 $D = 3\text{km}$。试核算基本组合的防洪高水位情况下：①坝体与坝基接触面的抗滑稳定性；②坝趾抗压强度和坝踵应力是否满足要求。

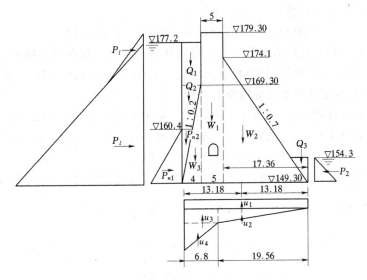

图 2-15 坝体剖面尺寸拟定（单位：m）

解：1. 荷载组合计算

（1）波浪要素计算。已知防洪高水位 50 年一遇风速 $V = 22.5\text{m/s}$，吹程 $D = 3$ km，则

$$2h_l = 0.0076 V^{-1/12} \left(\frac{gD}{V^2}\right)^{1/3} \cdot \frac{V^2}{g}$$

$$= 0.0076 \times 22.5^{-1/12} \left(\frac{9.81 \times 3000}{22.5^2} \right)^{1/3} \times \frac{22.5^2}{9.81} = 1.17 \text{ m}$$

$$2L_l = 0.331 V^{-1/2.15} \left(\frac{gD}{V^2} \right)^{1/3.75} \cdot \frac{V^2}{g}$$

$$= 0.331 \times 22.5^{-1/2.15} \left(\frac{9.81 \times 3000}{22.5^2} \right)^{1/3.75} \times \frac{22.5^2}{9.81} = 11.86 \text{ m}$$

$$h_0 = 4\pi h_l^2 / 2L_l = 3.14 \times 1.17^2 / 11.86 = 0.36 \text{ m}$$

因为 $gD/V^2 = 38.13$，在 $20 \sim 250$ 之间，所以，波高应转换为累积频率 1% 时的波高：
$$2h_l(1\%) = 1.17 \times 1.24 = 1.45 \text{ m}$$

又因为半个波长 $L_l = 11.86/2 = 5.93 \text{ m} < H_1$，（坝前水深 $H_1 = 27.9 \text{m}$），所以浪压力 P_l 按深水波计算。

（2）荷载计算。包括坝体自重、水平水压力、水重、扬压力、浪压力、水平泥沙压力和垂直泥沙压力。具体计算参见计算简图 2 - 15 及荷载计算表 2 - 8。

表 2 - 8 中，排水处扬压力折减系数 $\alpha = 0.3$，水的重度 $\gamma = 10 \text{ kN/m}^3$，坝底宽 $B = 26.4 \text{m}$。

2. 计算防洪高水位作用设计值

荷载分项系数从表 2 - 4 查得，具体计算详见表 2 - 9。

3. 坝基面抗滑稳定性核算

（1）计算作用效应函数。
$$S(\cdot) = \sum P_R = 4480 - 336.2 = 4143.8 \text{ kN}$$

（2）计算抗滑稳定性抗力函数。本工程坝基岩石为微风化花岗片麻岩，根据表 2 - 6 可确定为 II 类岩体，抗剪断参数的标准值 $f'_{Rk} = 1.0$，$C'_{Rk} = 0.84 \text{ MPa}$。查表 2 - 5 可得 f'_R、C'_R 的材料性能分项系数分别为 1.3、3.0。

则摩擦系数设计值 $f'_R = 1.0/1.3 = 0.769$；粘聚力设计值 $C'_R = 840/3.0 = 280 \text{ kPa}$。

抗力函数 $R(\cdot) = f'_R \sum W_R + C'_R A_R$，式中 $\sum W_R = 10649.1 - 3345.6 = 7303.5 \text{ kN}$。
$$R(\cdot) = 0.769 \times 7303.5 + 280 \times 26.4 \times 1 = 13008.4 \text{ kN}$$

（3）稳定性核算。对基本组合 $\gamma_0 = 1.0$，$\psi = 1.0$，结构系数 $\gamma_{d1} = 1.2$（表 2 - 6）。

抗滑稳定须满足
$$\gamma_0 \psi S(\cdot) \leqslant \frac{1}{\gamma_{d1}} R(\cdot)$$

$$\gamma_0 \psi S(\cdot) = 1.0 \times 1.0 \times 4143.8 = 4143.8 \text{ kN} < \frac{1}{\gamma_{d1}} R(\cdot)$$

$$= 13008.4 / 1.2 = 10840 \text{ kN}$$

经计算可知，在防洪高水位情况下坝基面的抗滑稳定性满足要求。

4. 坝趾抗压强度和坝踵应力核算

（1）坝趾抗压强度按承载能力极限状态核算。C15 混凝土抗压强度标准值 $f_{Kc} = 10000 \text{kPa}$，坝趾基岩抗压强度标准值 $f_{KR} = 80000 \text{ kPa}$，因 $f_{KR} > f_{Kc}$，只验算坝趾混凝土抗压强度即可。查表 2 - 5 可得混凝土材料分项系数 $\gamma_m = 1.5$。

则 C10 混凝土的混凝土设计值 $f_c = f_{Kc} / \gamma_m = 10000 / 1.5 = 6667 \text{ kPa}$。

表 2-8

荷载计算表（基本组合）

荷载	符号	计 算 式	垂直力 (kN) ↓	垂直力 (kN) ↑	水平力 (kN) ←	水平力 (kN) →	对坝底面中点的偏心距 (m)	力矩 (kN·m) ↙+	力矩 (kN·m) ↘-
自重	W_1	5×30×24	3600				13.2-4-5/2=6.7	24120	
	W_2	17.36×24.8×24/2	5166.3				13.2-9-17.4/3=-1.6		8266
	W_3	4×20×24/2	960				13.2-4×2/3=10.5	10080	
上游水平水压力	P_1	10×27.9²/2				3892	27.9/3=9.3		36196
下游水平水压力	P_2	10×5²/2			125		5/3=1.67	213	
上游水重	Q_1	4×7.9×10	316				13.2-4/2=11.2	3539	
	Q_2	4×20×10/2	400				13.2-4/3=11.9	4760	
下游水重	Q_3	0.7×5×5×10/2	88				13.2-5×0.7/3=12.0		1056
浮托力	U_1	26.4×5×10		1320			0	0	0
渗透压力	U_2	19.6×6.87×10/2		676			13.2-6.8-19.6/3=0.1	68	
	U_3	6.8×6.87×10		467			13.2-6.8/2=9.8		4578
	U_4	6.8×(22.9-6.87)×10/2		545			13.2-6.8/3=10.9		5957
浪压力	P_{11}	(5.93+1.45+0.36)×5.93×10/2				230	27.9-5.93+(5.93+1.45+0.36)/3=24.6		5648
	P_{12}	5.93²×10/2			176		27.9-5.93×2/3=24	4224	
水平泥沙压力	P_{n1}	8×11.1²×tan²(45°-18°/2)/2				260	11.1/3=3.7		962
垂直泥沙压力	P_{n2}	8×0.2×11.1²/2	99				13.2-11.1×0.2/3=12.5	1238	
合 计			10629.3	3008	301	4832		48242	62663
总 计			7621.3		4081			-14421	

21

表2-9

防洪高水位情况作用设计值计算表

作用	法向力标准值 (kN)		切向力标准值 (kN)		力矩标准值 (kN·m)		分项系数	法向力设计值 (kN)		切向力设计值 (kN)		力矩设计值 (kN·m)	
	→	↑	←	→	↙+	→		→	↑	←	→	↙+	→
自重	3600				24120		1.0	3600				24120	
	5166.3					8266	1.0	5166.3					8266
	960				10080		1.0	960				10080	
上游水平水压力				3892		36196	1.0				3892		36196
下游水平水压力			125		213		1.0			125		213	
上游水重	716				8299		1.0	716				8299	
下游水重	88					1056	1.0	88					1056
浮托力		1320					1.0		1320				
渗透压力		1012		230	68	10535	1.2		1214.4		276	81.6	12642
浪压力		676	176		4224	5648	1.2		811.2	211.2		5068.8	6777.6
水平泥沙压力				260		962	1.2				312		1154.4
垂直泥沙压力	99				1238		1.2	118.8				1485.6	
合计	10629.3	3008	301	4382	48242	62663		10649.1	3345.6	336.2	4480	49384	66092
总计	7621.3			4081		-14421		7303.5			4143.8		-16708

1）作用效应函数：$S(\cdot) = \left(\dfrac{\sum W}{T} - \dfrac{6\sum M}{T^2} \right)(1+m^2)$，式中 $\sum W = 7303.5$ kPa，$\sum M = -16708$ kN·m，均为设计值；又 $m=0.7$，$T=26.4$ m。

则有 $S(\cdot) = \left[\dfrac{7303.5}{26.4} - \dfrac{6\times(-16708)}{26.4^2} \right](1+0.7^2) = 626.5$ kPa

2）抗力函数：$R(\cdot) = f_c = 6667$ kPa

3）坝趾抗压强度核算：γ_0、ψ 同上，结构系数 $\gamma_{d1} = 1.8$（表 2-6）。

$$\gamma_0 \psi S(\cdot) = 1\times1\times626.5 = 626.5 \text{ kPa} < \dfrac{1}{\gamma_{d1}} R(\cdot) = \dfrac{1}{1.8}\times6667 = 3704 \text{ kPa}$$

（2）坝踵垂直正应力按正常使用极限状态核算，需满足坝踵垂直正应力不出现拉应力。由表 2-9 知，标准值 $\sum W = 7621.3$ kPa，$\sum M = -14421$ kN·m。

则 $\qquad \dfrac{\sum W}{T} + \dfrac{6\sum M}{T^2} = \dfrac{7621.3}{26.4} + \dfrac{6\times(-14421)}{26.4^2} = 146.8 \text{ kPa} > 0$

经计算，该重力坝在防洪高水位情况下坝趾抗压强度和坝踵应力均满足规范要求。

第四节 重力坝的剖面设计

重力坝剖面的设计任务是在满足强度和稳定的要求条件下，求得一个施工简单、运用方便、体积最小的剖面。影响剖面设计的因素很多，主要有作用荷载、地形地质条件、运用要求、筑坝材料、施工条件等。一般首先简化荷载条件，拟定出基本剖面，再根据坝的运用和安全要求，将基本剖面修改为实用剖面，最后进行稳定计算和应力分析。

一、基本剖面

重力坝承受的主要荷载是静水压力、扬压力和自重，控制剖面尺寸的主要指标是稳定和强度要求。因为作用于上游面的水压力呈三角形分布，所以重力坝的基本剖面是三角形，如图 2-16 所示。

图中坝高 H 是已知的，关键是要确定最小坝底宽 B 以及上下游边坡系数 n、m。经分析计算知，坝体断面尺寸与坝基的好坏有着密切关系，当坝体与坝基的摩擦系数较大时，坝体断面由应力条件控制；当摩擦系数较小时，坝体断面由稳定条件控制。根据工程经验，重力坝基本剖面的上游边坡系数常采用 $0\sim0.2$，下游边坡系数常采用 $0.6\sim0.8$，坝底宽约为坝高的 $0.7\sim0.9$ 倍。

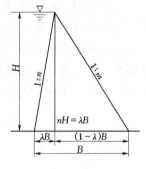

图 2-16 重力坝的
基本剖面

二、实用剖面

（1）坝顶宽度。为了满足运用、交通等要求，坝顶必须有一定的宽度。无特殊要求时，坝顶宽度宜采用坝高的 $8\%\sim10\%$，最小不宜小于坝高的 $2\%\sim3\%$，且常态混凝土坝不小于 3m，碾压混凝土坝不小于 5m。若有交通要求或有移动式启闭机设施时，应根据实际需要确定。

（2）坝顶超高。实用剖面必须加安全高度，坝顶应高于校核洪水位，坝顶上游防浪墙顶的高程应高于波浪顶高程，其与水库静水位高差按下式计算：

$$\Delta h = h_{1\%} + h_0 + h_c \qquad (2-33)$$

式中 Δh——防浪墙顶至正常蓄水位或校核洪水位的高差，m；

   $h_{1\%}$——即 $2h_l$，为累计频率为 1% 时的波浪高度，m；

   h_0——波浪中心线高出静水位高度，m；

   h_c——安全超高，m，按表 2-10 选用。

计算 $h_{1\%}$ 和 h_0 时，设计情况和校核情况应采用不同的风速及吹程，故坝顶或防浪墙顶的高程应满足以下两个条件：

$$坝顶或防浪墙顶高程大于或等于 \begin{cases} 正常蓄水位 + \Delta h_{正} \\ 校核洪水位 + \Delta h_{校} \end{cases} \qquad (2-34)$$

式中 $\Delta h_{正}$、$\Delta h_{校}$——坝顶或防浪墙顶与正常蓄水位或校核洪水位的高差，m。

为了同时满足稳定和强度的要求，重力坝的上游面宜布置成倾斜面或折面（图 2-17），这样既可利用部分水重增加坝体抗滑稳定性，同时也可避免施工期下游面产生拉应力。折坡起点高度应结合引水管、泄水孔的进口布置等因素通过优化设计确定，一般约为坝前最大水头的 1/2～1/3。

表 2-10   安 全 超 高 h_c 单位：m

相应水位	坝 的 安 全 级 别		
	Ⅰ（1 级）	Ⅱ（2,3 级）	Ⅲ（4,5 级）
正常蓄水位	0.7	0.5	0.4
校核洪水位	0.5	0.4	0.3

注 表中括号内为水工建筑物的级别。

三、剖面的优化设计简介

重力坝剖面的优化设计是应用非线性规划方法，求出一个既满足稳定和强度要求，又满足运用要求的最小剖面，即最优设计剖面。

一座重力坝有若干坝段组成，为了构造、布置等需要，各坝段上游面采用统一的坝坡和起坡点，这样，优化设计就不单是一个剖面问题，而是整个坝的最优方案设计。现以图 2-18 为例，简单介绍其优化设计步骤。

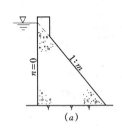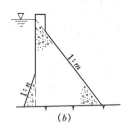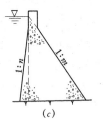

图 2-17 重力坝常用剖面型式

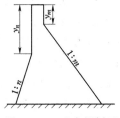

图 2-18 重力坝剖面
的优化设计

（1）根据布置和构造要求，依次给定 y_n、n 的值。

（2）对每一组给定的 y_n、n 值，再依次确定各坝段的 y_m 值。

（3）由 y_m 值，按稳定和强度要求，确定相应的 m 值。

（4）根据相同的 y_n、n 值和不同的 y_m、m 值计算各坝段的混凝土体积的 V_0 值。

（5）对每个坝段，根据 y_m 与 V_0 的关系，用非线性规划方法找出每个坝段使 V_0 为最小的最优的 y_m，再计算相应最优 y_m 的体积 V_i。

（6）叠加各坝段的 V_i 得到重力坝的总体积 V。

（7）根据 y_n、n 与 V 的关系，应用非线性规划方法找出使 V 为最小的最优 y_n、n 值，再计算相应于最优 y_n、n 值的各坝段的 y_m、m，这便是所求的最优剖面方案。

第五节　溢流重力坝

溢流坝既要挡水，又要通过坝顶泄水，所以它不但要满足强度与稳定要求，同时还要有适宜的剖面形状以利泄水。

一、溢流坝的剖面

溢流坝基本剖面的确定原则与非溢流坝相同，但其实用剖面必须满足：泄流时水流平顺，不产生空蚀，且有较高的流量系数。溢流面曲线由顶部曲线段、中间直线段和下部反弧段三部分组成（图 2-19）。

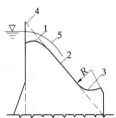

图 2-19　溢流坝剖面
1—顶部曲线段；2—直线段；
3—反弧段；4—基本剖面；
5—溢流水舌

（1）顶部曲线段。对于开敞式坝顶溢流孔口，常用的溢流面曲线形式有克—奥曲线和幂曲线。克—奥曲线系给定坐标值，施工放样不便，我国目前已较少采用。幂曲线（WPS）因其流量系数较大，剖面较小和便于施工放样，近年来工程中采用较多。曲线方程如下：

$$x^n = KH_d^{n-1}y \tag{2-35}$$

式中　H_d——定型设计水头，取堰顶最大作用水头 H_{max} 的 $75\% \sim 95\%$；

　　　K、n——与上游面坝坡有关的参数，当坝面铅直时，$K=2.0$，$n=1.85$；

　　　x、y——以溢流堰顶点为原点的坐标。

坐标原点的上游段可采用复合圆弧或双圆弧曲线，详见现行规范。

设有胸墙的溢流面曲线如图 2-20 所示，当校核洪水位最大作用水头与孔口高度比值 $H_{max}/D > 1.5$ 时，或闸门全开时，可按孔口射流曲线设计：

$$y = \frac{x^2}{4\varphi^2 H_d} \tag{2-36}$$

式中　H_d——定型设计水头，取孔口中心至校核洪水位的 $75\% \sim 95\%$；

　　　φ——孔口收缩断面上的流速系数，一般取 $\varphi=0.96$，若孔前设有检修门槽时，取 $\varphi=0.95$。

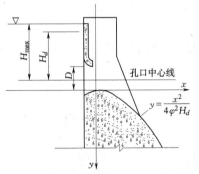

图 2-20　有胸墙大孔口堰面曲线

（2）中间直线段。中间直线段与坝顶曲线和下部圆弧段相切，坡度一般与非溢流坝段下游坡相同。

（3）下部反弧段。下游反弧段的作用是使经过溢流坝面下泄的高速水流平顺地与下游消能设施相衔接。通常采用圆弧曲线，挑流消能时，取半径 $R=(4\sim10)h$，h 为校核洪水位闸门全开时反弧段最低点处的水深。当反弧段流速 $v<16$ m/s 时，R 可取下限；流速较大时，R 宜采用较大值。对于其他消能形式，R 的取值详见规范。

二、溢流坝孔口尺寸的拟定

孔口尺寸拟定包括溢流坝段的前缘长度、孔数，孔口型式、每孔的尺寸和堰顶高程，应根据运用要求，通过调洪演算、水力计算和技术经济比较后确定。

(1) 下泄流量的确定。根据建筑物等级及相应的洪水标准和洪水过程线，通过调洪演算确定下泄流量 Q_s。如有泄水孔和其它水工建筑物分担一部分泄洪任务，则通过溢流坝顶的下泄流量 Q 为

$$Q=Q_s-\alpha Q_0 \tag{2-37}$$

式中　Q_s——下游河道的安全泄量或枢纽的最大下泄流量；

Q_0——经过泄水孔、电站、船闸等建筑物下泄流量之和；

α——系数，正常运用时取 $0.75\sim0.9$，校核洪水情况取 1.0。

(2) 单宽流量的选择。单宽流量 q 是决定孔口尺寸的重要指标，其选择应综合考虑下游河床的地质条件、枢纽布置等因素经技术经济比较后确定。根据工程实践，软弱基岩常取 $q=20\sim50\text{m}^3/(\text{s}\cdot\text{m})$，较好的基岩取 $q=50\sim70\text{m}^3/(\text{s}\cdot\text{m})$，特别坚硬、完整的基岩取 $q=100\sim150\text{m}^3/(\text{s}\cdot\text{m})$。近年来 q 的取值有继续加大的趋势。我国已建成的大坝中，龚嘴水电站溢流单宽流量达 $254.2\text{m}^3/(\text{s}\cdot\text{m})$，安康水电站溢流单宽流量达 $282.7\text{m}^3/(\text{s}\cdot\text{m})$，国外有些工程的单宽流量高达 $300\text{m}^3/(\text{s}\cdot\text{m})$ 以上。

(3) 溢流坝段的总长度。不设闸门的溢流坝，其长度 $L=Q/q$。对安设闸门的溢流坝，设每孔净宽为 b，孔数为 n，闸墩厚度为 d，则溢流坝段的总长度为

$$L_0=nb+(n-1)d \tag{2-38}$$

选择 n 与 b 时，应考虑闸门的型式、制造能力、**闸门跨度**与高度的合理比例、运用要求和坝段分缝等因素。我国目前大、中型混凝土坝的闸孔宽度一般取用 $b=8\sim16\text{m}$，闸门的宽高比一般取为 $1.5\sim2.0$ 左右，应尽量采用**闸门规范**中推荐的标准尺寸。

三、溢流坝的结构布置

溢流坝的上部结构应根据运用要求布置，通常设有闸门、闸墩、启闭机、工作桥、交通桥等结构和设备，如图 2-21 所示。

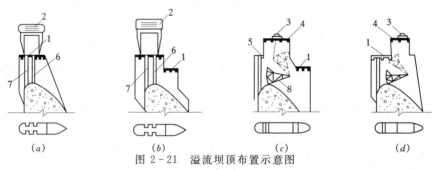

图 2-21　溢流坝顶布置示意图

1—公路桥；2—移动式启闭机；3—固定式启闭机；4—工作桥；
5—便桥；6—工作门槽；7—检修门槽；8—闸门

（1）闸门布置。闸门有工作闸门和检修闸门。工作闸门常用平面门和弧形门，一般设在溢流坝顶点，以减小闸门高度。闸门顶应高出水库正常高水位。弧形闸门的支承铰应高于溢流水面，以免漂浮物堵塞。检修闸门位于工作闸门之前，全部溢流孔口通常备有1～2个检修闸门扇，型式为平面门或叠梁门，供检修工作闸门时使用。检修闸门与工作闸门之间应留有1～3m的净距，以便于检修。

（2）闸墩。闸墩的作用是将溢流坝前缘分隔为若干个孔口，并支承闸门、启闭机、桥梁等传来的荷载。闸墩的平面形状，应尽量减小孔口水流的侧收缩，使水流平顺下泄。闸墩的长度，应满足工作桥、交通桥及启闭机等布置的要求。闸墩的高度，取决于闸门高度和启闭机的型式。闸墩的厚度，应满足强度和布置门槽的要求。大型平面工作闸门的门槽深一般为0.5～2.0m，门槽颈部不小于1～1.5m，因此平面门闸墩的厚度约为2.0～4.0m，弧形闸门闸墩的最小厚度为1.5～2.0m。通常闸墩需要配置受力钢筋或构造钢筋，并将钢筋伸入坝体受压区内。

（3）边墩和导水墙。溢流坝两端的闸墩称为边墩，边墩向下游延伸成为导水墙。导水墙的长度视下游消能方式而定，当采用挑流消能时，导水墙延伸至挑坎末端；采用底流消能时，要延伸到消力池末端；下游设有水电站时，导水墙要延伸到厂房范围以外一定距离，以减轻下泄水流对电站尾水的影响。导水墙顶的高程应高出掺气后的水面线0.5～1.5m。墙厚应根据结构计算确定，一般为1.5～2.0m。

（4）坝顶桥梁。溢流坝坝顶根据设备布置、操作检修、交通和观测等要求设置工作桥和交通桥。桥梁宜采用装配式的钢筋混凝土结构，并应有足够的净空。在地震区应加强桥梁与闸墩的联结，增强闸墩的侧向刚度。

四、溢流坝的下游消能措施

从溢流坝顶下泄的水流具有很大的能量，如不采取有效的消能措施进行消能，下游河床及两岸将遭到冲刷破坏，甚至危及大坝的安全。溢流坝常用的消能措施有挑流式、底流式、面流式和消力戽式等。消能防冲建筑物的设计洪水标准，原则上可低于泄水建筑物的洪水标准。

（1）挑流消能。挑流消能是通过挑流鼻坎将高速水流自由抛射远离坝体，并利用水舌在空中扩散、掺气以及水舌跌入下游水垫内的紊动扩散消耗能量，如图2-22所示。这种消能方式具有结构简单、工程造价省、施工、检修方便等优点，适用于水头较高、下游有一定水垫深度、基岩条件良好的高、中坝，低坝经过严格论证也可采用这种消能方式。

挑流消能设计的任务是：选择鼻坎形式、反弧半径、鼻坎高程和挑射角，计算水舌挑

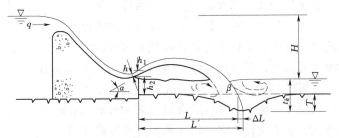

图2-22 挑流消能的挑距与冲坑示意图

射距离和冲刷坑深度等。

挑流鼻坎的常用形式有连续式和差动式两种。连续式鼻坎在工程中应用较为广泛,其优点是构造简单,水流平顺,防空蚀效果较好,但扩散掺气作用较差。连续式鼻坎的挑角可采用 $\alpha = 20° \sim 35°$,反弧半径 R 应在 $(4 \sim 10)h$ 范围内选取。鼻坎高程一般应高出下游最高水位约 $1 \sim 2\text{m}$,以利于挑流水舌下缘的掺气。水舌挑射距离 L'(图 2 - 22)用下式估算:

$$L' = L + \Delta L \tag{2-39}$$

$$L = \frac{1}{g}\left[v_1^2 \sin\theta\cos\theta + v_1\cos\theta\sqrt{v_1^2\sin^2\theta + 2g(h_1 + h_2)} \right] \tag{2-40}$$

$$\Delta L = T\tan\beta \tag{2-41}$$

式中 v_1——坎顶水面流速,m/s,可取为鼻坎处平均流速 v 的 1.1 倍;

   θ——鼻坎挑角,(°);

   h_1——坎垂直方向水深,即 $h_1 = h/\cos\theta$(h 为坎顶平均水深),m;

   h_2——坎顶至河床表面高差(如冲坑已经形成,研究冲坑进一步发展时,可算至坑底),m;

   g——重力加速度,m/s^2;

   T——最大冲坑深度(由河床面至坑底),m;

   β——水舌外缘与下游水面的夹角,(°)。

冲刷坑深度按下式估算:

$$t_k = kq^{0.5}H^{0.25} \tag{2-42}$$

式中 t_K——水垫厚度(自水面算至坑底),m;

   q——单宽流量,m^3/(s·m);

   H——上下游水位差,m;

   k——冲刷系数,坚硬完整的基岩取 $0.6 \sim 0.9$,坚硬但完整性较差的基岩取 $0.9 \sim 1.2$,较坚硬,但呈块状、碎石状基岩取 $1.2 \sim 1.6$,软弱,完全碎石状基岩取 $1.6 \sim 2.0$。

为确保冲坑不致危及大坝和其它建筑物的安全,根据经验,安全挑距一般应为最大可能冲坑深度的 $2.5 \sim 5.0$ 倍,具体取值需根据河床基岩节理裂隙的产状发育情况确定。

(2)底流消能。底流消能是在溢流坝坝趾下游设置一定长度的护坦,使过坝水流在护坦上发生水跃,通过水流的旋滚、摩擦、撞击和掺气等作用消耗能量,以减轻对下游河床和岸坡的冲刷。底流消能原则上适用于各种高度的坝以及各种河床地质情况,尤其适用于地质条件差,河床抗冲能力低的情况。底流消能运行可靠,下游流态比较平稳,对通航和发电尾水影响较小。但工程量较大,且不利于排冰和过漂浮物。

设计底流消能时,首先要进行水力计算以判断水流衔接状态。若为远驱水跃,则应采取工程措施,如设置消力池、消力槛或综合消力池等,促使水流在池内发生水跃以消能。为提高消能效果,还可以布置一些辅助消能工,如趾坎、消力墩、尾坎等,以强化消能、减小消力池的深度和长度。图 2 - 23 所示为湖北陆水水电站溢流坝的消能布置。运用结果表明,辅助消能设施起到了强化消能、增加水跃淹没度的作用。

底流式消能一般应设置护坦,并通常用钢筋混凝土修筑,其配筋一般按构造要求配

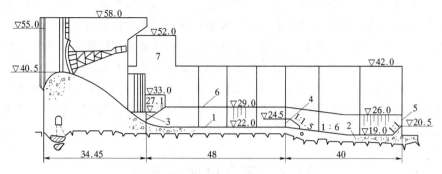

图 2-23　陆水溢流重力坝的消能布置图（单位：m）

1——级消力池；2—二级消力池；3—趾墩；4—消力墩；

5—尾墩；6—左导水墙；7—电站厂房

置。护坦厚度可由抗浮稳定和强度条件确定，一般为 1~3m。岩基上的护坦，可用锚筋和基岩锚固，锚筋直径 25~36mm，间距 1.5~2.0m，按梅花形布置；当基岩软弱或构造发育时，也可在护坦底部设置排水系统以降低扬压力；护坦一般应设置伸缩缝，以适应温度变形；护坦表层常采用高强度混凝土浇筑，以提高抗冲和抗磨能力。

（3）面流消能。面流消能是在溢流坝下游面设置低于下游水位、挑角不大（挑角小于 10°~15°）的鼻坎，使下泄的高速水流既不挑离水面也不潜入底层，而是沿下游水流的上层流动，水舌下有一水滚，主流在下游一定范围内逐渐扩散，使水流流速分布逐渐接近正常水流情况，故此称为面流式消能（图 2-24）。

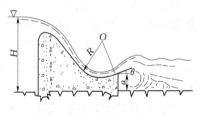

图 2-24　面流式消能

这种消能型式适用于水头较小的中、低坝，而下游水深较大，水位变幅小，河床和两岸有较高的抗冲能力，或有排冰和过木要求的情况。因水舌下的水滚是流向坝趾的，而流速较低，河床一般不需加固。但是，它表面的高速水流会产生很大的波动，有的绵延数公里还难以平稳，对电站运行和下游航运不利，且易冲刷两岸。

（4）消力戽消能。这种消能形式是在坝后设一大挑角（约 45°）的低鼻坎（即戽唇，其高度 a 一般约为下游水深的 1/6），其水流形态的特征表现为三滚一浪（图 2-25）。戽内产生逆时针方向（如果水流方向向右时）的表面旋滚，戽外产生顺时针向的底部旋滚和

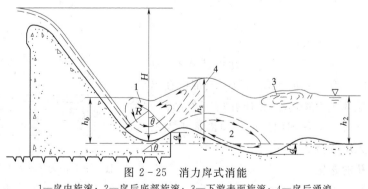

图 2-25　消力戽式消能

1—戽内旋滚；2—戽后底部旋滚；3—下游表面旋滚；4—戽后涌浪

逆时针向的表面旋滚，下泄水流穿过旋滚产生涌浪，并不断掺气进行消能。我国已建工程采用这种消能方式的有河北大黑汀水库溢流坝和陕西石泉水电站溢流坝等。

戽式消能的优点是：工程量比底流式消能的小，冲刷坑比挑流消能的浅，不存在雾化问题。其主要缺点与面流式消能相似，并且底部旋滚可能将砂石带入戽内造成磨损。如将戽唇做成差动式可以避免上述缺点，但其结构复杂，齿坎易空蚀，采用时应慎重研究。消力戽消能的适用情况与面流式消能基本相同，但不能过木排冰，且对尾水的要求是须大于跃后水深。

第六节　重力坝的泄水孔

一、坝身泄水孔的作用和工作条件

坝身泄水孔的进口全部淹没在设计水位以下较深的部位，随时可以放水，故又称深式泄水孔。其作用有：①预泄洪水，增大水库的调蓄能力；②放空水库以便检修各建筑物；③排放泥沙，减少水库淤积，延长水库使用寿命；④随时向下游供水，满足航运和灌溉要求；⑤施工导流。

坝身泄水孔内水流流速较高，易产生负压、空蚀和振动，应精心做好结构的体型设计和控制工程施工质量，保证水流平顺。闸门设置在水下，检修较困难，闸门承受的水压力大，相应的启门力也大，造价较高。尤其是孔口面积较大时，技术问题更加复杂。所以，一般不用坝身泄水孔作为主要泄洪建筑物，只是将其用来配合溢流坝泄洪或发挥其它作用。

二、坝身泄水孔的组成及形式

（1）泄水孔的组成。一般由进口段、闸门控制段、孔身段和出口消能段组成。

（2）泄水孔的形式。按孔身水流条件，坝身泄水孔可分为无压和有压两种类型。前者指泄水时除进口附近一段为有压外，其余部分均处于明流无压状态，见图 2-26。后者是指高水位闸门全开时，整个管道都处于满流承压状态，见图 2-27。设计时应避免在同一段泄水孔中产生明流满流交替现象，以防引起振动和空蚀。无压孔的有压段又包括进口段、门槽段和压坡段三个部分，段末端设工作闸门；有压孔的进口段之后为事故检修门门槽段，其后接平坡段或小于 1∶10 的缓坡段。工作闸门设在出口端，其前为压坡段。

发电引水应为有压孔，其它用途的泄水孔，可以是有压或无压的。有压孔的工作闸门一般都设在出口，孔内始终保持满水有压状态。无压孔的工作闸门和检修闸门都设在进口，工作闸门后的孔口断面扩大抬高，以保证门后为无压明流。

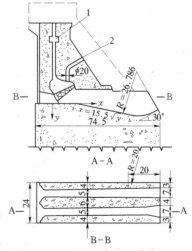

图 2-26　无压泄水孔（单位：m）
1—弧形闸门启闭机廊道；2—通气孔

三、泄水孔的布置

坝内泄水孔应根据其用途、枢纽布置要求、地形地质条件和施工条件等因素进行布置。泄洪孔宜布置在河槽部位，以便下泄水流与下游河道衔接。当河谷狭窄时，宜设在溢流坝段。当河谷较宽时，则可考虑布置于非溢流坝段。其进口高程在满足泄洪任务的前提下，应尽量高些，以减小进口闸门上的水压力；灌溉孔应布置在灌区一岸的坝段上，以便与灌溉渠道连接。其进口高程则应根据坝后渠首高程来确定，必要时，也可根据泥沙和水温情况分层设置进水口；排沙底孔应尽量靠近电站、灌溉孔的进水口以及船闸闸首等需要排沙的部位，但其流态不得影响这些建筑物的

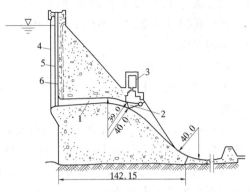

图 2-27 有压泄水孔（单位：m）
1—泄水孔；2—弧形闸门；3—启闭机室；
4—闸墩；5—检修闸门；6—通气孔

正常运行；发电进水口的高程，应根据水力动能设计要求和泥沙条件确定。一般设于水库最低工作水位以下一倍孔口高度处，并应高出淤沙高程1m以上；为放空水库而设置的放水孔，施工导流孔，一般均布置得较低。

另外，布置坝身泄水孔时，在不影响正常运用的条件下，应尽量做到多种功能的结合，例如灌溉与发电相结合、放空与导流相结合等，以减少坝内孔洞。

四、坝身泄水孔的体型与构造

（一）有压泄水孔

（1）进水口的体型。为使水流平顺、减少水头损失，避免孔壁空蚀，进口形状应尽可能符合流线变化规律，工程中宜采用四侧或顶侧面椭圆曲线进水口，其典型布置如图 2-28 所示。

（2）出水口。有压泄水孔的出口控制着整个泄水孔内的内水压力状况。为消除负压，避免出现空蚀破坏，宜将出口断面缩小，收缩量大致为孔身面积的 $10\% \sim 15\%$，并将孔顶降低，孔顶坡比可取 $1:10 \sim 1:5$。

（3）孔身断面及渐变段。有压泄水孔的断面可为圆形或矩形，但进出口部分为适应闸门要求应为矩形断面，若孔身段断面为圆形，圆、矩形断面间应设渐变段过渡连接。

（4）闸门槽。有压泄水孔出口的工作闸门，一般采用不设门槽的弧形闸门，而进口检修闸门常采用平面闸门。若闸门槽体型设计不当，很容易产生空蚀。特别是流速大、水头高的情况，更要予以足够重视。根据研究和实践，对高水头的情况，闸门槽应采用图 2-29 所示的形状。具体尺寸则应根据闸门尺寸和轨道布置要求确定。

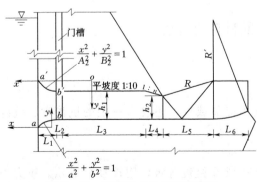

图 2-28 有压泄水孔的典型布置

（5）通气孔。通气孔的作用是：关闭检修闸门后，开工作闸门放水，向孔内充气；检修完毕后，关闭工作闸门，向闸门之间充水时排气。通气孔的断面积可由计算确定，

但宜大于充水管或排水管的过水断面积，以防发生事故。通气孔的进口必须与闸门启闭室分开，以免影响工作人员的安全。

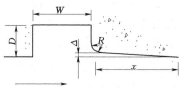

图 2-29　闸门槽形状
$W/D=1.6\sim1.8$；$\Delta/D=0.05\sim0.08$
$R/D=0.1$；$X/\Delta=10\sim12$

（二）无压泄水孔

无压泄水孔在平面上宜作直线布置，其过水断面多为矩形。

（1）进水口体形。无压泄水孔的有压段与有压泄水孔的相应段体型、构造基本相同。进水口体型曲线段亦为椭圆曲线，其后接一倾斜的直线压坡段（图 2-30）。压坡段的坡度一般采用 $1:4\sim1:6$，高水头坝身泄水孔宜取小值，水头较低或次要泄水建筑物，可取大值。压坡段的长度一般为 $3\sim6m$。

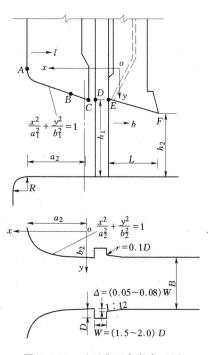

图 2-30　无压孔压力段布置图

（2）明流段。为使水流平顺无负压，明流段的竖曲线通常设计为抛物线。明流段的孔顶在水面以上应有足够的余幅，在直线段当孔身为矩形时，顶部高出水面的高度可取最大流量时不掺气水深的 $30\%\sim50\%$；当孔顶为圆拱形时，拱脚距水面的高度可取不掺气水深的 $20\%\sim30\%$。

明流段的反弧段，一般采用圆弧式，末端为挑坎，鼻坎高程应高于该处下游水位以保证发生自由挑流，但可略低于下游最高水位。

（3）通气孔。检修闸门后的通气孔布置要求与有压泄水孔完全相同。除此之外，为使明流段流态稳定，还应在工作闸门后设通气孔，向明流段不断补气。

（三）坝身泄水孔的衬护

坝身泄水孔的衬护，应根据水压力、孔口尺寸、受力条件、孔内流速和泥沙含量、粒径、硬度及泄水的持续时间、施工条件等因素确定。对于内水压力较高的有压孔，宜采用钢板衬护，并与外围混凝土可靠结合。

第七节　重力坝的材料及构造

一、混凝土重力坝的材料

（一）水工混凝土的特性指标

建造重力坝的混凝土，除应有足够的强度承受荷载外，还要有一定的抗渗性、抗冻性、抗侵蚀性、抗冲耐磨性，以及低热性等。

1. 强度

混凝土按标准立方体试块抗压极限强度分为 12 个强度等级，用符号 C 表示。重力坝常用的是 C7.5、C10、C15、C20、C25、C30 等级别。混凝土的强度随龄期而增加，坝体混凝土抗压强度一般采用90天龄期强度，保证率为80%，强度等级不低于C7.5。抗拉强度采用28天龄期强度，一般不采用后期强度。

2. 混凝土的耐久性

混凝土的耐久性包括抗渗、抗冻、抗冲耐磨、抗侵蚀等。

（1）抗渗性是指混凝土抵抗水压力渗透作用的能力。抗渗性指标可用抗渗等级表示，重力坝所采用的抗渗等级应根据所在的部位及其渗透水力坡降按表2-11选用。坝体内部混凝土如无特殊要求时，抗渗等级定为W2。

表2-11 　　　　　　　　　　　　　大坝混凝土抗渗等级的最小允许值

项次	部位	水力坡降	抗渗等级	备注
1	坝体内部		W2	1. 表中 i 为水力坡降；
2	坝体其它部位按水力坡降考虑时	$i<10$	W4	2. 承受侵蚀水作用的建筑物，其抗渗等级应进行专门的试验研究，但不得低于W4
		$10\leqslant i<30$	W6	
		$30\leqslant i<50$	W8	
		$i\geqslant50$	W10	

（2）抗冻性是表示混凝土在饱和状态下能经受多次冻融循环而不破坏，不严重降低强度的性能。混凝土的抗冻性用抗冻等级表示。分为F50、F100、F150、F200、F300五级。采用时，应根据建筑物所在地区的气候分区、年冻融循环次数、表面局部小气候条件、结构构件重要性和检修的难易程度等因素，按表2-12选用抗冻等级。

表2-12 　　　　　　　　　　　　　　大坝混凝土抗冻等级

气候分区	严寒		寒冷		温和
年冻融循环次数（次）	$\geqslant100$	<100	$\geqslant100$	<100	—
1. 受冻严重且难于检修部位：流速大于25m/s、过冰、多沙或多推移质过坝的溢流坝深孔或其它输水部位的过水面及二期混凝土	F300	F300	F300	F200	F100
2. 受冻严重但有检修条件部位：混凝土重力坝上游面冬季水位变化区；流速小于25m/s的溢流坝、泄水孔的过水断面	F300	F200	F200	F150	F50
3. 受冻较重部位：混凝土重力坝外露阴面部位	F200	F200	F150	F150	F50
4. 受冻较轻部位：混凝土重力坝外露阳面部位	F200	F150	F100	F100	F50
5. 混凝土重力坝水下部位或内部混凝土	F50	F50	F50	F50	F50

注　1. 气候分区按最冷月平均气温作如下划分：严寒——最冷月份平均气温低于-10℃；寒冷——最冷月份平均气温高于或等于-10℃，但不高于-3℃；温和——最冷月份平均气温高于-3℃；

2. 年冻融循环次数分别按一年内气温从+3℃以上降至-3℃以下，然后回升至+3℃以上的交替次数，或一年中日平均气温低于-3℃期间设计预定水位的涨落次数统计，并取其中的大值；

3. 冬季水位变化区指运行期内可能遇到的冬季最低水位以下0.5～1.0m，冬季最高水位以上1.0m（阳面）、2.0m（阴面）、4.0m（水电站尾水区）；

4. 阳面指冬季大多为晴天，平均每天有4h以上阳光照射，不受山体或建筑物遮挡的表面，否则均按阴面考虑。

（3）抗冲耐磨性指抗高速水流或挟沙水流的冲刷、磨损的性能。目前对于抗磨尚未订出明确的技术标准。根据经验，使用高等级硅酸盐水泥或硅酸盐大坝水泥拌制成的高等级混凝土其抗磨性较强。当然还要求骨料坚硬、振捣密实。

（4）抗侵蚀性是指混凝土抵抗环境侵蚀的性能。当环境水有侵蚀时，应选择抗侵蚀性能较好的水泥，并尽量提高混凝土的密实性。

水泥水化热是引起温度裂缝的一个重要原因，所以大坝混凝土应选用水化热较低的水泥，并尽量减少水泥用量。为了降低水泥用量并改善混凝土的性能，坝体混凝土中可适量掺入粉煤灰及加气剂、塑化剂等外加剂。

（二）坝体混凝土分区

坝体各部位的工作条件不同，对混凝土材料性能指标的要求也不同。为了满足坝体各部位的不同要求，节省水泥用量，降低工程费用，通常将坝体混凝土按不同工作条件进行分区，一般可分为6个区，如图2-31所示。

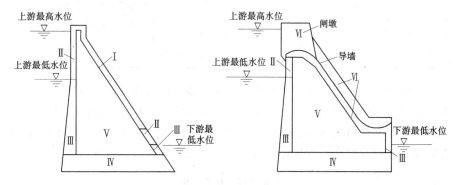

图 2-31　坝体混凝土分区示意图

Ⅰ区为上、下游水位以上的坝体外部表面混凝土；Ⅱ区为上、下游水位变化区的坝体外部表面混凝土；Ⅲ区为上、下游最低水位以下的坝体外部表面混凝土；Ⅳ区为坝体基础混凝土；Ⅴ区为坝体内部混凝土；Ⅵ区为抗冲刷部位的混凝土（如溢流面、泄水孔、导墙和闸墩等）。各区对混凝土性能的要求，应符合表2-13要求。

表 2-13　　　　　　　　　　　大坝混凝土分区特性

分区	强度	抗渗	抗冻	抗冲刷	抗侵蚀	低热	最大水灰比		选择各区厚度的主要因素
							寒冷地区	温和地区	
Ⅰ	＋	－	＋＋	－	－	＋	0.55	0.60	抗冻
Ⅱ	＋	＋	＋＋	－	＋	＋	0.45	0.50	抗冻、抗裂
Ⅲ	＋＋	＋＋	＋	－	＋	＋	0.50	0.55	抗渗、抗裂
Ⅳ	＋＋	＋	＋	－	＋	＋＋	0.50	0.55	抗裂
Ⅴ	＋＋	＋	＋	－	－	＋＋	0.65	0.65	
Ⅵ	＋＋	－	＋＋	＋＋	＋	＋	0.45	0.45	抗冲耐磨

注　表中有"＋＋"的项目为选择各区混凝土等级的主要控制因素，有"＋"的项目为需要提出要求的，有"－"的项目为不需提出要求的。

选定各区混凝土强度等级时，整个枢纽中不同等级的类别应尽量减少，为了避免产生应力集中和温度裂缝，相邻区的强度等级相差应不超过两级。混凝土分区的厚度一般不得小于 2～3m，以利于浇筑施工。

二、混凝土重力坝的构造

重力坝的构造设计包括坝顶构造、坝体分缝、止水、排水、廊道布置等内容。这些构造的合理选型和布置，可以改善重力坝工作性能，满足运用和施工上的要求，保证大坝正常工作。

（一）坝顶构造

坝顶的宽度和高程的确定，已在实用剖面中讲述。坝顶上游侧防浪墙宜采用与坝体连成整体的钢筋混凝土结构，高一般为 1.2m。防浪墙在坝体横缝处应留伸缩缝并设止水。坝顶路面一般为实体结构［图 2-32（a）］，并布置排水系统和照明设备。也可采用拱形结构支承坝顶路面［图 2-32（c）］，以减轻坝顶重量，有利于抗震。

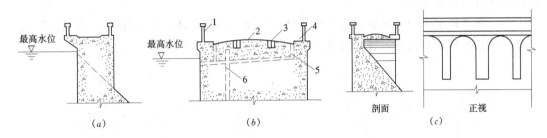

图 2-32　非溢流坝坝顶构造
1—防浪墙；2—公路；3—起重机轨道；4—人行道；5—坝顶排水管；6—坝体排水管

（二）坝体分缝

为了适应地基不均匀沉降和温度变化，以及施工期混凝土的浇筑能力和温度控制等，常需设置垂直于坝轴线的横缝和平行于坝轴线的纵缝。横缝一般是永久缝，纵缝则属于临时缝。重力坝分缝如图 2-33 所示。

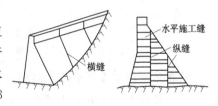

图 2-33　重力坝的分缝

（1）横缝及止水。永久性横缝将坝体沿坝轴线分成若干坝段，其缝面常为平面，各坝段独立工作。横缝可兼作伸缩缝和沉降缝，间距（坝段长度）一般为 12～20m，当坝内设有泄水孔或电站引水管道时，还应考虑泄水孔和电站机组间距；对于溢流坝段还要结合溢流孔口尺寸进行布置。

缝内需设止水设备，止水材料有金属片、橡胶、塑料及沥青等。高坝的横缝止水应采用两道金属止水铜片和一道防渗沥青井，如图 2-34 所示。对于中、低坝的止水可适当简化，中坝第二道止水片，可采用橡胶或塑料片等，低坝经论证也可仅设一道止水片。金属止水片的厚度一般为 1.0～1.6mm，加工成"}"形，以便更好地适应伸缩变形。第一道止水片距上游坝面约为 0.5～2.0m，以后各道止水设备之间的距离为 0.5～1.0m，每侧埋入混凝土的长度可为 20～25cm。沥青井为方形或圆形，边长或内径可为 15～25cm，为便于施工，后浇坝段一侧可用预制混凝土块构成，井内灌注石油沥青和设置加热设备。

止水片及沥青井需伸入基岩 30～50cm，止水片必须延伸到最高水位以上，沥青井需延伸到坝顶。溢流孔口段的横缝止水应沿溢流面至坝体下游尾水位以下，穿越横缝的廊道

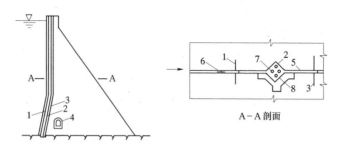

图 2-34 横缝止水构造示意图

1—第一道止水铜片；2—沥青井；3—第二道止水片；4—廊道
止水；5—横缝；6—沥青麻片；7—电加热器；8—预制混凝土块

和孔洞周边均需设止水片。

（2）纵缝和水平缝。纵缝是为适应混凝土的浇筑能力和施工期混凝土散热而设置的临时缝。纵缝的布置形式有三种：垂直纵缝，斜缝和错缝，见图 2-35。

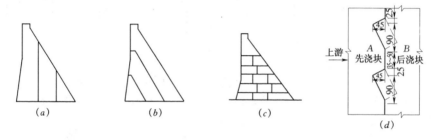

图 2-35　重力坝的纵缝布置图
（a）竖直纵缝；（b）斜缝；（c）错缝；（d）纵缝键槽

纵缝必须在水库蓄水前，混凝土充分冷却收缩的条件下进行灌浆，使坝成为整体。纵缝间距一般为 15~30m。为了在接缝之间传递剪力和压力，缝内还必须设置足够数量的三角形键槽［图 2-35（d）］。斜缝适用于中、低坝，可不灌浆。错缝也不做灌浆处理，施工简便，可在低坝上使用。

水平缝是上下两层新老混凝土浇筑块之间的施工接缝。水平缝如处理不好，可能成为防渗、抗剪的薄弱面。因此，在新混凝土浇筑之前，应清除施工缝面上的浮渣、灰尘和水泥乳膜，用风水枪或压力水冲洗，使表面成为干净的麻面，再匀铺一层 2~3cm 的水泥砂浆，然后再进行浇筑，以保证浇筑质量。

（三）坝体排水

为了减小渗水对坝体的有害影响，降低坝体中的渗透压力，靠近上游坝面防渗层应设置铅直或近乎铅直的排水管系，将坝体渗水由排水管排入廊道，再由廊道汇集于集水井，用水泵排向下游。当下游水位较低时，也可以通过集水沟或集水管自流排向下游。排水管至上游坝面的距离约为水头的 1/15~1/25，且不小于 2m，排水管间距为 2~3m，常用预制多孔混凝土做成，管内径一般为 15~25cm。排水管布置如图 2-36 所示。

（四）坝内廊道

在混凝土重力坝中，为了灌浆、排水、观测、检查及交通等需要，必须在坝内设置各种廊道。这些廊道根据需要可沿纵向、横向及竖向进行布置，并互相连通，构成廊道系统（图 2 - 36）。各种廊道常相互结合，一道多用。

基础灌浆廊道沿纵向布设在坝踵附近，距上游坝面的距离可取 0.05～0.1 倍水头，且不小于 4～5m。廊道底面至基岩面的距离，应不小于 1.5 倍的廊道底宽，以防廊道底板被灌浆压力掀动开裂。廊道断面一般采用上圆下方的城门洞形，宽度约为 2.5～3.0m，高度为 3.0～3.5m；廊道纵向沿地形至两岸逐渐升高，但坡度一般应缓于 45°。

基础排水廊道可沿纵横两个方向布置，且直接设在坝底基岩面上。低坝通常只在基础附近设置一条纵向廊道，兼作灌浆、排水及检查之用。廊道宽度一般为 1.5～2.5m，高度为 2.2～2.5m。当廊道的高程低于尾水位或采用坝基抽水方式降低扬压力时，需设置集水井用水泵排水。

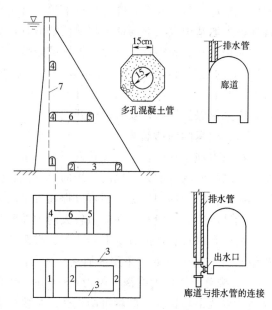

图 2 - 36　坝体排水和廊道布置示意图
1—基础灌浆排水廊道；2—基础纵向排水廊道；3—基础横向排水廊道；4—纵向排水检查廊道；5—纵向检查廊道；6—横向检查廊道；7—坝体排水管

坝体排水与检查廊道一般每隔 20～30m 高差设置一层，其上游壁离上游坝面的距离，应不小于 0.05～0.1 倍坝面作用水头，且不得小于 3.0m，寒冷地区应适当加厚。各层廊道相互连通，并与电梯或便梯相连，在两岸均有进出口通道。检查排水廊道也多采用城门洞形，最小宽度为 1.2m，最小高度为 2.2m。

坝内廊道应有适宜的通风和良好的排水条件，以及安装足够的和安全的照明设备，寒冷地区还要注意保暖防寒。

第八节　重力坝的地基处理

重力坝的地基处理，一般包括坝基开挖清理，对基岩进行固结灌浆和防渗帷幕灌浆，设置基础排水系统，对特殊软弱带如断层、破碎带等，进行专门的处理。

一、坝基的开挖与清理

坝基开挖就是把覆盖层及风化破碎的岩石挖除，使大坝直接建在坚硬完整的基岩上。坝基开挖的深度，应视具体情况慎重确定。高坝应挖到新鲜、微风化或弱风化下部的基岩；中坝宜挖到微风化或弱风化中部的基岩；低坝可挖至弱风化中、上部基岩；对两岸地形较高部位的坝段，其开挖标准可适当放宽。

坝基开挖的边坡必须保持稳定；在顺河方向，坝段基础面上、下游高差不宜过大，为有利于坝体的抗滑稳定，可开挖成略向上游倾斜；两岸岸坡应开挖成台阶形，以利于坝块的侧向稳定；基坑开挖轮廓应尽量平顺，避免有高差悬殊的突变，以免应力集中造成坝体裂缝；当地基中存在有局部工程地质缺陷时，也应予以挖除。

为保持基岩完整性，避免开挖爆破振裂，基岩应分层开挖。当开挖到距设计高程0.5～1.0m的岩层时，宜用手风钻造孔，小药量爆破。如岩石较软弱，也可用人工借助风镐清除。基岩开挖后，在浇筑混凝土前，需进行彻底的清理和冲洗；对易风化、泥化的岩体，应采取保护措施，及时覆盖开挖面。

二、坝基的固结灌浆

在重力坝工程中，采用浅孔低压灌注水泥浆的方法对坝基进行加固处理，称为固结灌浆。固结灌浆的目的是：提高基岩的整体性和强度；降低坝基的透水性，减少渗漏量。在帷幕灌浆范围内的固结灌浆还可以提高帷幕灌浆的压力。

固结灌浆孔一般布置在应力较大的坝踵和坝趾附近，以及节理裂隙发育和破碎带范围内。灌浆孔呈梅花形或方格形，孔距、排距和孔深根据坝高、基岩的构造情况确定，一般孔距从10～20m开始，采用内插逐步加密的方法，最终孔距、排距约为3～4m，孔深为5～8m。帷幕上游区的孔深一般为8～15m，钻孔方向垂直于基岩面。当存在裂隙时，为了提高灌浆效果，钻孔方向尽可能正交于主要裂隙面，但倾角不能太大。灌浆压力与浆液稠度有关，过去都采用低压稀浆灌注，经论证当无混凝土盖重灌浆时，压力一般为0.2～0.4MPa，有盖重时为0.4～0.7MPa，以不掀动基础岩体为原则。

三、坝基帷幕灌浆

帷幕灌浆的目的是：降低坝底的渗透压力，防止坝基内产生机械或化学管涌，减少坝基和绕渗渗透流量。帷幕灌浆是在靠近上游坝基布设一排或几排深钻孔，利用高压灌浆充填基岩内的裂隙和孔隙等渗水通道，在基岩中形成一道相对密实的阻水帷幕（图2-37）。帷幕灌浆材料目前最常用的是水泥浆，具有结石体强度高，经济和施工方便等优点。在水泥浆灌注困难的地方，可考虑采用化学灌浆。化学灌浆具有很好的灌注性能，能够灌入细小的裂隙，抗渗性好，但价格昂贵，又易造成环境污染，使用时需慎重。

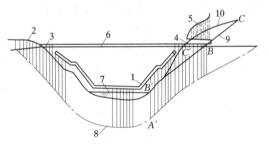

图2-37 帷幕伸入两岸的范围
1—灌浆廊道；2—山坡钻进；3—坝顶钻进；4—平洞
内钻进；5—排水孔；6—最高库水位；7—原河水位；
8—相对不透水层；9—原地下水位线；
10—蓄水后地下水位线

防渗帷幕的深度应根据基岩的透水性、坝体承受的水头和降低坝底渗透压力的要求确定。当坝基下存在可靠的相对隔水层时，帷幕应伸入相对隔水层内3～5m。不同坝高所要求的相对隔水层的透水率q（1m长钻孔在1MPa压水压力作用下，1min内的透水量）应采取下列不同标准：坝高在100m以上，$q=1～3Lu$；坝高在100～50m之间，$q=3～5Lu$；坝高在50m以下，$q=5Lu$（Lu读：吕容）。如相对隔水层埋藏很深，帷幕深度可根据降低渗透压力和防止渗透变形的要求确定，一般可在0.3～0.7倍水头范围内选取。

防渗帷幕的排数、排距及孔距，应根据坝高、作用水头、工程地质、水文地质条件确定。在一般情况下，高坝可设两排，中坝设一排。当帷幕由两排灌浆孔组成时，可将其中的一排钻至设计深度，另一排可取其深度的 1/2 左右。帷幕灌浆孔距为 1.5～3.0m，排距宜比孔距略小。

帷幕灌浆需要从河床向两岸延伸一定的范围，形成一道从左到右的防渗帷幕。当相对不透水层距地面较近时，帷幕可伸入岸坡与相对不透水层相衔接。当两岸相对不透水层很深时，帷幕可以伸到原地下水位线与最高库水位相交点 B 附近，如图 2-37 所示。在最高库水位以上的岸坡可设置排水孔以降低地下水位，增加岸坡的稳定性。

帷幕灌浆必须在浇筑一定厚度的坝体混凝土作为盖重后进行，灌浆压力由试验确定，通常在帷幕孔顶段取 1.0～1.5 倍的坝前静水压强，在孔底段取 2～3 倍的坝前静水压强，但应以不破坏岩体为原则。

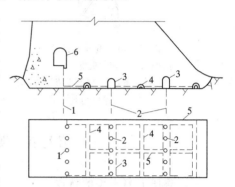

四、坝基排水设施

为了进一步降低坝底扬压力，需在防渗帷幕后设置排水系统，如图 2-38 所示。一般包括排水孔幕和基面排水。主排水孔一般设在基础灌浆廊道的下游侧，孔距 2～3m，孔径 15～20cm，孔深常采用帷幕深度的 0.4～0.6 倍，方向则略倾向下游。除主排水孔外，还可设辅助排水孔 1～3 排，孔距一般为 3～5m，孔深为 6～12m。

图 2-38 坝基排水示意图
1—主排水孔；2—辅助排水孔；3—坝基纵向排水廊道；4—半圆形排水管；5—横向排水沟；6—灌浆廊道

如基岩裂隙发育，还可在基岩表面设置排水廊道或排水沟、管作为辅助排水。排水沟、管纵横相连形成排水网（图 2-38），纵向排水廊道在一定间距还设有横向排水廊道，以便相互沟通，并在坝基上布置集水井，渗水汇入集水井后，用水泵排向下游。

五、坝基软弱破碎带的处理

当坝基中存在断层破碎带或软弱结构面时，则需要进行专门的处理。处理方式应根据软弱带在坝基中的位置、倾角的陡缓以及对强度和防渗的影响程度而定。

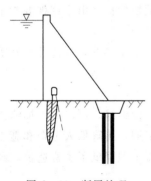

对于倾角较大或与基岩面接近垂直的断层破碎带，常采用混凝土梁（塞）或混凝土拱进行加固，如图 2-39 所示。混凝土塞是将破碎带挖除至一定深度后回填混凝土，以提高地基局部的承载能力。当破碎带的宽度小于 2～3m 时，混凝土塞的深度可采用破碎带宽度的 1～2 倍，且不得小于 1m。若破碎带与上游水库连通时，还必须做好防渗处理，常用的方法有钻孔灌浆、混凝土防渗墙、防渗塞（图 2-40）等。

对于某些倾角较缓的断层破碎带，除应在顶部做混凝土塞外，还应沿破碎带开挖若干个斜井和平洞，用混凝土回填密实，形成斜塞和水平塞组成的刚性骨架（图 2-41），封闭破碎

图 2-39 断层处理

物，增加抗滑稳定性和提高承载能力。

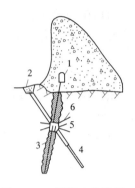

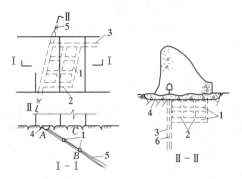

图 2-40　混凝土防渗塞
1—灌浆廊道；2—回填混凝土；3—灌浆帷幕；
4—破碎带；5—混凝土防渗塞；
6—井壁固结灌浆

图 2-41　缓倾角断层破碎带处理
1—平洞回填；2—斜井回填；3—阻水斜塞；
4—表面混凝土梁（塞）；5—破碎带；
6—帷幕灌浆孔

第九节　碾压混凝土重力坝

一、碾压混凝土坝的特点

　　碾压混凝土重力坝是 20 世纪 70 年代以来得到迅速发展的一种新坝型，它利用机械的强力振动和碾压的共同作用，对水泥含量比较低的超干硬性混凝土进行压实，从而，根本上改革了传统混凝土坝的筑坝方法。实质上它是把混凝土坝的结构与材料和土石坝的施工方法二者的优越性加以综合，经择优改进而形成的一种新的筑坝技术。与常态混凝土重力坝相比，碾压混凝土重力坝有以下主要特点。

　　(1) 水泥用量少，混凝土强度高。常态混凝土筑坝，一般每立方混凝土用水泥量均在 200kg 以上，而碾压混凝土由于改变了施工方法而采用干硬性混凝土，在减少了水的用量的同时也减少了水泥用量，目前每方碾压混凝土水泥的常用量多为 50～70kg，掺加粉煤灰 100～80kg，但强度仍能达到或超过设计要求。

　　(2) 水化热低，抗裂性好。因用粉煤灰代替大量水泥可大幅度减少混凝土水化热和降低温升，所以，即使不采取任何温控措施，一般也不会发生温度裂缝；又由于这种混凝土用水量少、密实度高、干缩变形小，因此减少了干缩变形性裂缝。

　　(3) 可以不分缝薄层连续浇筑，工期短。由于水泥用量少，水化热低，抗裂性能好等特性，可以不设纵缝和少设横缝、薄层大面积连续施工，从而大大提高施工效率，缩短施工周期。例我国坑口大坝 132m 长坝段不设缝，运用至今未发现裂缝。

　　(4) 工程造价显著降低。碾压混凝土坝还具有以下优点：不设纵缝，可以节省接缝灌浆的费用和器材；不设或少设横缝，可以节省止水费用；缩短工期，可降低人工费和施工机械费，并可使工程提前发挥效益。以上诸多优点，使碾压混凝土坝降低了工程造价。经济分析表明，一般较常态混凝土坝可降低造价 15%～40%。

　　(5) 耐久性能比常态混凝土差。因碾压混凝土坝施工技术尚处在发展和继续完善阶段，还有一些问题，如高水头坝的防渗、碾压层面的结合质量、碾压混凝土的耐久性等问题还需不断探索解决。所以，其抗渗、抗冻、抗冲等耐久性能不如常态混凝土。

碾压混凝土重力坝的剖面设计、水力计算、强度和抗滑稳定分析与常态混凝土重力坝相同，但在混凝土材料和坝体构造等方面，需要适应碾压混凝土坝的特点。

二、碾压混凝土的材料

　　碾压混凝土是由水泥、混合料、砂、石、水及外加剂组成，其材料的选用与常态混凝土类似。

　　（1）胶凝材料。包括水泥和掺和料，凡适用于水工混凝土使用的水泥，均可用于碾压混凝土。为适应碾压混凝土连续、快速施工，以及尽可能降低水泥用量，碾压混凝土中均掺入混合材料，其掺量为胶凝材料总量的 30%～60%。这些混合材料应具有活性，能与水泥水化物中的氢氧化钙发生二次水化反应，生成稳定的水化硅酸钙和水化铝酸钙，从而改善混凝土的性能。常用的混合材料有粉煤灰、粒化高炉矿渣、火山灰或其它火山灰质材料，其中使用较多的是粉煤灰。

　　（2）细骨料。砂的含水量变化对碾压混凝土拌和物稠度的影响比常态混凝土敏感，因此，应准确测定和控制砂的含水量。对细骨料中微细颗粒含量的限制可以比常态混凝土放宽些，目前我国一般控制在 7%～15%。

　　（3）粗骨料。石子最大粒径和级配，对碾压混凝土的压实和胶凝材料用量，以及混凝土的性能都有一定的影响。通常采用人工骨料连续级配，最大粒径一般应小于 80mm，当粒径超过 80mm 时，混凝土拌和料易产生分离，难以保证施工质量。

　　（4）外加剂。碾压混凝土中胶凝材料用量少，必需掺入减水剂以改善其粘聚性与抗离析性能。为了适应大面积施工的特点，延长初凝时间，减少冷缝，并为改善层面胶结，还必须掺入缓凝剂。如工程有特殊要求，还应掺入相应的外加剂。

三、碾压混凝土重力坝的剖面和构造

　　（1）剖面选择。根据碾压混凝土的施工特点，其坝体剖面应力求简单，在满足稳定的条件下，最好采用上游面垂直，下游面单一边坡。但对于高坝，为了节约混凝土方量，也可采用上游面为折坡或斜坡的剖面型式，如图 2-42 和图 2-43 所示。

　　（2）坝体分缝。碾压混凝土坝因可采用薄层通仓浇筑，自然散热，因而不设纵缝，少设或不设置横缝。设横缝时，横缝常由切缝机切割而成，也可利用手工打钻邮票式连续孔或预埋分缝板，设置诱导缝。横缝止水一般应设两道。

　　（3）坝体防渗。碾压混凝土坝上游面的防渗措施有以下几种：①在坝的上游面采用常态混凝土作防渗层，常用厚度 1.5～3.5m，并将横缝止水设在防渗层内；②在上游坝面附近，采用富胶凝材料碾压混凝土形成防渗层；③在坝的上游面用 6cm

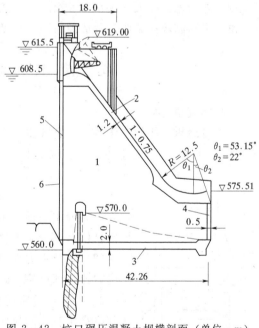

图 2-42　坑口碾压混凝土坝横剖面（单位：m）
1—碾压混凝土；2—钢筋混凝土；3—常态混凝土；4—混凝土预制板；5—沥青砂浆防渗层；6—钢筋混凝土预制板

厚的沥青砂浆作防渗层，沥青砂浆层的外表面用钢筋混凝土预制板保护，预制板与坝体之间用钢筋连接，兼作沥青砂灌注的模板；④在坝的上游面喷涂2mm合成橡胶防渗薄膜于混凝土面上，如美国的盖尔斯维尔坝。

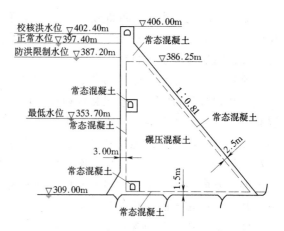

图2-43 日本玉川坝混凝土分区示意图

（4）坝内排水及廊道。碾压混凝土重力坝也需在坝体上游部位和坝基布置排水系统，以降低扬压力。坝内竖向排水管一般可在紧靠防渗层后埋设预制的无砂混凝土管，管距 $2.0 \sim 3.0m$，内径为 $7 \sim 15cm$。也可用碎、卵石代替透水管，亦可用钻孔法或逐层拔管等方法形成排水体系。

为减少施工干扰，加大施工作业面，坝内最好不设廊道或少设廊道，尽量做到一个廊道兼有多种用途。一般中等高度的坝常只设基础灌浆廊道，兼作排水、检查及交通之用，如坑口重力坝（图2-42），只设一道基础廊道。对于较高的坝，如日本玉川坝，坝高100m，也只有在坝体上游部分设置两层纵向廊道（图2-43）。

（5）下游坡处理与溢流坝面消能。溢流式碾压混凝土坝的溢流面，宜用钢筋混凝土防护（图2-42），以增强其抗冲、耐磨性能。在填筑坝内碾压混凝土时，埋入适当数量连接锚筋，并用预制块做临时模板，以形成台阶状交接面，当碾压混凝土达一定强度后，吊开预制块并处理交接面，再浇筑溢流面钢筋混凝土。当溢流坝水头较小、水流流速较低时，也可用预制块拼装成台阶形溢流面，以增加沿程消能效果。

第十节 其它型式的重力坝

一、宽缝重力坝

（1）宽缝重力坝的工作特点。宽缝重力坝是将相邻坝段间的横缝中间部分拓宽的重力坝（图2-44）。它具有下述优点：坝基中的渗透水可以从宽缝中排出，降低了渗透压力，并减少了扬压力的作用面积；坝体工程量比实体重力坝要减少 $10\% \sim 20\%$；增加了坝块的侧向散热面，加快了坝体混凝土的散热过程。宽缝重力坝的主要缺点是施工模板用量多，尤其是宽缝的侧坡倒悬模板部分立模比较困难。

（2）宽缝重力坝的剖面尺寸。①坝段宽度一般采用 $16 \sim 24m$；②缝宽比，即缝宽 $2S$ 与坝段宽 b 的比值 $2S/b$，一般情况取 $2S/b = 0.2 \sim 0.35$，缝宽比愈大，工程量愈省，但当缝宽比过大，宽缝头部将产生较大的拉应力；③上、下游坡率 n、m，上游坝坡一般采用 $n = 0.15 \sim 0.35$，下游坝坡采用 $m = 0.5 \sim 0.7$；④上游头部厚度 δ_u 和下游尾部厚度 δ_d，上游头部的厚度 δ_u 应满足强度和防渗要

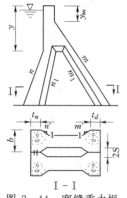

图2-44 宽缝重力坝

求，一般取为坝面作用水头的 0.07～0.10 倍，且不小于 3.0m；下游尾部厚度取 3.0～5.0m，考虑施工要求不小于 2.0m。

宽缝重力坝多由混凝土建造，其稳定和应力分析的方法和实体重力坝相同，但计算单元应选取一个坝段。另外，还要对宽缝头部应力进行校核。

二、空腹重力坝

空腹重力坝是实体重力坝的底部沿坝轴线方向设置大尺寸的空腔的重力坝（图 2-45）。具有以下优点：

（1）利用腹腔排水，可降低坝底面的扬压力。

（2）工程量较实体重力坝可减少 20%～30%。

（3）空腹有利于混凝土的散热。

（4）空腹内可布置水电站厂房，以解决狭窄河谷枢纽布置上的困难。空腹内还可以进行检查、灌浆和观测等。

其主要缺点是施工较复杂，钢筋和模板用量较多。

空腹坝的坝体尺寸需经试验和计算确定。根

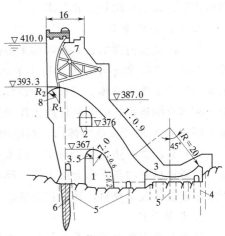

图 2-45　空腹重力坝（单位：m）
1—下腹孔；2—上腹孔；3—消力戽；
4—戽端灌浆孔；5—排水孔；6—帷幕
灌浆；7—弧形闸门；8—溢流坝
曲线段上游半径

据经验，空腹坝的腹孔净跨度一般约为坝底全宽的 1/3，腹孔高约为坝高的 1/4～1/5，下游坝体（后腿）的宽度与上游坝体（前腿）大致相等。对空腹内设电站厂房的坝，腹孔的形状和尺寸应同时满足厂房布置要求，空腹顶部以近似半个椭圆形或二心圆形为宜，空腹上游面宜做成铅直的。为便于施工，特别是浆砌石空腹重力坝，底部常做成矩形或倒梯形，上部为组合圆弧形。

三、浆砌石重力坝

浆砌石重力坝具有就地取材，节省水泥用量，不需要散热措施，施工技术比较简单等显著优点，因此，在中小型水利工程中得到广泛应用。

（一）浆砌石重力坝的材料

（1）石料。砌筑坝体的石料应该是新鲜、密实、无裂隙、质地均匀、不易风化，并有足够的强度。石料按其加工外形可分为条石、块石和毛石等。修建浆砌石坝，多采用块石。条石一般仅用于坝面，而乱毛石则用于坝内次要部位。

（2）胶结材料。常用的胶结材料有水泥砂浆、细石混凝土和混合砂浆等。水泥砂浆是由水泥、砂和水拌和而成，水泥标号一般在 425 号以内；混合砂浆是在水泥砂浆中掺入一定比例的石灰或粘土等掺和料制成。混合砂浆仅用于中、小型浆砌石重力坝的内部等次要部位砌筑。细石混凝土是浆砌石坝广泛应用的一种胶结材料，是由水泥、砂、石子和水按一定比例拌和而成，适用于块石砌筑的坝体。

（3）材料分区。浆砌石重力坝也需要将坝体进行分区，分区原则与混凝土重力坝基本一样。在坝的上下游面、溢流面及坝底等较重要和有特殊要求的部位常用混凝土浇筑或条石砌筑，并采用较高标号的胶结材料。修建浆砌石重力坝的胶结材料强度等级一般为 M5～M7.5，条石砌体一般用 M7.5～M10 水泥砂浆砌筑；勾缝则用 M10～M15 的水泥砂浆。

（二）浆砌石重力坝的构造特点

浆砌石重力坝在构造上与混凝土重力坝大致相同，但在坝体防渗、坝体分缝、溢流坝面衬护等方面有它的特点和要求。

1. 坝体防渗设备

（1）混凝土防渗面板。在坝体上游面设置混凝土面板防渗时，其厚度一般为作用水头的 1/20～1/25，但最小厚度不得小于 0.3m。面板需嵌入完整的基岩内 1.0～1.5m，并与坝基防渗帷幕连成整体。面板必须设伸缩缝，缝内设止水，并配适量的温度钢筋。为使面板与砌体牢固连接，应在砌体内预埋锚筋并与面板的温度钢筋连接起来。混凝土面板亦可设在距迎水面 1～2m 的坝体内，利用砌体作模板。

（2）浆砌条石防渗层。对中、低水头的浆砌石重力坝，可在坝体上游面用水泥砂浆砌筑一层质地良好的条石作为防渗层。厚度为水头的 1/15～1/20，砌缝厚度控制在 1～2cm，用水泥砂浆作胶结材料，并仔细勾缝。

2. 坝体分缝

浆砌石重力坝由于水泥用量少，水化热低，砌体受温度变化及收缩应力影响小，因此一般不设纵缝，横缝间距也可加大，可根据地形地质条件每隔 20～40m 设一道横缝。缝的构造与混凝土重力坝大体相同。

3. 溢流坝面的衬护

浆砌石坝的溢流面一般采用混凝土衬护，常用强度等级为 C20，护面厚度约为 0.6～1.5m，并在衬护内设温度钢筋，用锚筋与砌体锚固。如过坝流速不大，也可只在溢流堰顶和反弧段用混凝土衬护，直线段用条石砌筑衬护。小型工程也可全部用条石衬护。

第三章　拱　　坝

第一节　拱坝的特点、类型和适用条件

一、拱坝的特点

拱坝是一种平面上呈拱形、凸向上游，主要依靠拱的作用承受水压力并支承于河谷两岸基岩的挡水建筑物，如图 3-1 所示。也就是说，拱坝的水平荷载大部分是通过拱圈传给两岸岩体的，只有少部分水平荷载由悬臂梁传给坝基。因此，拱坝的稳定主要是依靠作为坝肩的两岸岩体来维持，它与重力坝相比有以下主要特点：

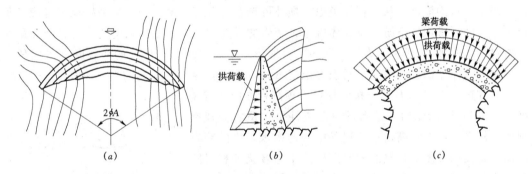

图 3-1　拱坝平面及剖面图
(a) 平面图；(b) 铅直剖面（悬臂梁）图；(c) 水平剖面（拱）图

（1）利用两岸岩体维持稳定。拱坝主要依靠两岸的坝肩岩体来维持稳定，自重对其稳定影响不大，这是拱坝的最大的特点。

（2）能充分发挥筑坝材料强度。由于拱坝是一种以拱受力为主的结构，在外荷载作用下主要产生轴向压力，因此有利于充分发挥混凝土或浆砌石材料的抗压强度。与重力坝相比体积大为减少，对于适宜修建拱坝和重力坝的同一坝址，若二者坝高相同，拱坝体积较之重力坝可减少 1/3～2/3。因而拱坝是一种比较经济的坝型。

（3）超载能力大，安全度高。拱坝属周边嵌固的高次超静定结构，当外荷超载后，坝体发生局部开裂时，应力可自行调整而得到新的平衡，使裂缝终止。国内外拱坝的结构模型破坏试验表明，混凝土拱坝的超载能力可达设计荷载的 5～11 倍。

（4）抗震性能好。由于拱坝属整体性空间结构，重量轻、富有弹性，故其抗震性能较好。

（5）荷载特点。由于拱坝不设永久性横缝，且周边嵌固，所以，温度变化和坝基岩体变形对拱坝的应力影响较大。而坝体自重和扬压力则对拱坝应力影响较小。

二、拱坝的类型

（1）按坝高分。高度在 30m 以下的为低坝，高度在 30～70m 的为中坝，高度在 70m

以上的为高坝。

（2）按厚高比分。拱坝最大坝高处的坝底厚度 T 与坝高 H 之比，称为拱坝的厚高比（T/H）。按其厚高比的不同可将拱坝分为薄拱坝、中厚拱坝和厚拱坝（或称重力拱坝）。$T/H<0.2$ 者为薄拱坝，$T/H=0.2\sim0.35$ 者为中厚拱坝，$T/H>0.35$ 者为厚拱坝。

（3）按水平拱的形状分。可分为圆弧拱、多圆心拱、变曲率拱等。

（4）按坝体曲率分。可分为单曲率拱坝和双曲率拱坝。

（5）按坝体结构型式分。可分为一般拱坝、周边缝拱坝、空腹拱坝等。此外，还可按水平拱圈的厚度变化分为等厚度拱坝和变厚度拱坝。

三、拱坝的适用条件

地形、地质条件是决定拱坝坝址选择的重要因素，也是影响拱坝安全与经济的主要因素。因而，修建拱坝应首先勘测与考察坝址的地形、地质条件。

（一）地形条件

修建拱坝的理想地形，应该是坝址上游较为宽阔，顺河流方向河谷逐渐变窄，对称，呈"漏斗"状的地形。从工程量考虑，坝址可选在河谷宽度最窄处；从坝肩稳定与应力条件考虑，则要求坝址下游两岸岩体雄厚，基岩的纵坡和缓、平顺，无突变，河谷断面最好左右对称。图 3-2 所示，为一"漏斗"状地形，下游坝址 B—B 处的河谷断面虽然较狭窄，但顺流左岸的岩体单薄，对坝肩稳定不利，不如上游 A—A 处的坝址适宜。

河谷宽高比（L/H）是指开挖后坝顶高程处的河谷宽度 L 与坝高 H 的比值。是衡量地形条件是否适宜修建拱坝的指标之一。在宽高比小的河谷中修建拱坝，拱的跨度小而悬臂梁的高度大，拱的相对刚度大于悬臂梁的相对刚度，荷载主要通过拱作用传给两岸，坝体厚度可修建得较薄。反之，拱的作用减小，梁的作用增大，坝体就需修建得较厚。根据工程经验，当 $L/H<1.5$ 时，可修建薄拱坝；$L/H=1.5\sim3.0$ 时，可修建中厚拱坝；$L/H>3.0\sim4.5$ 时，可修建厚拱坝，即重力拱坝。当 L/H 值再大时，

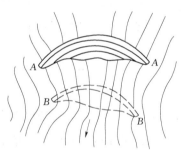

图 3-2 拱坝选址示意图

过去认为已不适宜修建拱坝。但是，随着拱坝技术水平的不断提高，上述界限已被突破。如我国安徽省陈村重力拱坝，高 76.3m，$L/H=5.6$；美国的奥本三圆心双曲拱坝，高 210m，$L/H=6.0$；法国的南非亨德列·维尔沃特双曲拱坝，高 90m，L/H 已达 10。

在河谷断面宽高比相同的情况下，河谷断面的形状不同，拱的作用也不同，坝体剖面可能相差很大。图 3-3（a）为对称的 V 形河谷，拱的作用显著，靠近底部的水压力强度虽高，但拱跨最小，坝体底部仍可采用较小的厚度。图 3-3（b）为对称的 U 形河谷，底拱作用降低，大部分荷载将由悬臂梁承担，坝体底部厚度必然加大，说明 V 形河谷断面更适于修建高而薄的拱坝。梯形河谷断面则介于 V 形与 U 形之间。

（二）地质条件

修建拱坝的理想地质条件，应该是构造简单、质地均匀、岩体坚硬，有足够的强度，透水性小、抗风化能力强的坝基。两岸拱座基岩应坚固完整，边坡稳定，无大的断裂构造和软弱夹层，能承受由拱端传来的巨大推力而不致产生过大变形，尤其要避免两岸边坡存

在向河床倾斜的节理裂隙或构造。但是，实际上很难找到完全符合理想要求的地质条件，当坝址地质条件存在有节理、裂隙或局部断层破碎带等缺陷时，则应采取严格的地基处理措施，使之满足设计要求。如我国的龙羊峡重力拱坝，坝高 178m，坝区断层、软弱带极为发育，但经严格地基处理，工程于 1987 年建成使用后，至今运行良好。

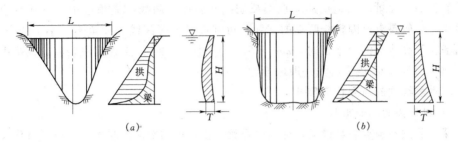

图 3-3　坝体剖面与河谷形状的关系
(a) V 形河谷；(b) U 形河谷

第二节　拱　坝　布　置

拱坝布置的具体内容是根据坝址的地形、地质、水文和施工条件选择坝的体型，拟定坝体基本尺寸，进行平面布置。具体进行布置时，需要经过多次修改，使坝体应力分布合理，坝肩稳定性好，并满足施工、泄洪、发电等方面要求，使工程总投资最小。

一、拱圈形状与尺寸

拱圈形状很多，最常用的是等厚单心圆拱（图 3-4），其它拱圈形状有三圆心拱、变厚度拱及抛物线拱等。图 3-5 (a) 是拱圈由三段圆弧组成的三圆心拱，图 3-5 (b) 是拱圈厚度从拱顶向拱端逐渐加大的变厚度拱。

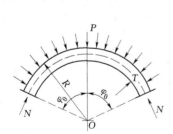

图 3-4　单心圆拱计算简图

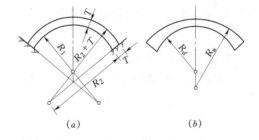

图 3-5　拱圈形状

为了便于说明拱圈形状参数（$2\varphi_0$、R、T）之间的关系，近似采用"圆筒公式"对图 3-4 所示的计算图形进行分析。等厚圆拱拱圈的形状系数包括中心角 $2\varphi_0$、拱圈半径 R 和拱圈厚度 T 等三要素，根据径向荷载作用下圆拱合理拱轴的概念可得：

$$N = pR \tag{3-1}$$

则
$$T = \frac{N}{[\sigma]} = \frac{pL}{2[\sigma]\sin\varphi_0} \tag{3-2}$$

式中　T——拱圈厚度；

L——中心角 $2\varphi_0$ 对应的弧长；

$[\sigma]$——材料的允许压应力。

从上式可知：拱圈中心角越大，拱圈的厚度越小。因此，从经济方面考虑，适当加大中心角 $2\varphi_0$ 是有利的，但中心角过大反而不利，一是拱圈弧长增加的工程量，将抵消减小拱厚所节省的工程量；二是拱的端点圆弧切线与岩面等高线的夹角过小，对坝肩稳定不利。因此，一般要求拱圈轴线两端的切线与可利用基岩等高线的夹角不宜小于 $30°\sim35°$，亦即当基岩等高线与河流平行时，$2\varphi_0$ 不宜大于 $110°\sim120°$。工程实践表明，顶拱中心角一般取 $90°\sim110°$，底拱中心角一般取 $50°\sim80°$。

二、拱冠梁的剖面形状与尺寸

（一）拱冠梁的剖面形状

贯穿各层拱圈顶点的悬臂梁，称为拱冠梁。拱冠梁的剖面形状多种多样，有代表性的剖面形状，如图 3-6 所示。

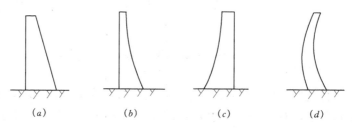

图 3-6　拱冠梁断面形状

按拱冠梁的剖面形状，拱坝可分为两大类。第一类为单曲拱坝，拱冠梁的断面见图 3-6（a）、（b）、（c），多在 U 形河谷和中小型工程中采用；第二类为双曲拱坝，拱冠梁断面见图 3-6（d），因其立面曲线向上游凸出形成倒悬，可使梁的重力偏向上游，有利于抵消库水压力在梁底上游面产生的拉应力作用，但应注意控制拱坝倒悬度不超过允许值。在 V 形河谷中有利于选用这种坝型。

（二）基本尺寸拟定

（1）坝顶厚度。坝顶厚度 T_C 应考虑满足运用、交通等要求。如无交通要求，一般不小于 3m。初拟时，可采用以下经验公式估算：

$$T_C = 0.01H + (0.012 \sim 0.024)L_1 \tag{3-3}$$

式中　H——坝高，m；

L_1——坝顶高程处两拱端新鲜基岩之间的弦长，m。

（2）坝底厚度。坝底厚度 T_B 是控制拱坝厚薄的一项重要参数，主要取决于坝高、坝型、地质条件、河谷形状等。初拟尺寸时，可采用工程类比法或以下美国垦务局经验公式估算：

$$T_B = \sqrt[3]{0.0012HL_1L_2\left(\frac{H}{122}\right)^{H/122}} \tag{3-4}$$

式中　L_2——坝底以上 $0.15H$ 处两拱端新鲜基岩之间的弦长，m；

H、L_1——意义同前。

拱坝其它各高程的厚度，可根据 T_C 和 T_B，并参考类似条件的已建拱坝尺寸拟定。

三、拱坝布置的原则和步骤

拱坝布置原则是：在满足稳定和建筑物运用的要求下，通过调整拱坝的外形尺寸，使坝体材料的强度得到充分发挥，控制拉应力在允许的范围之内，而坝的工程量最省。拱坝布置大致有以下几个步骤：

（1）根据坝址地形图和地质资料，定出开挖深度，画出坝址可利用基岩面等高线的地形图。

（2）在可利用基岩等高线地形图上，试定顶拱轴线的位置。尽量使拱轴线在拱端处的切线与等高线的夹角不小于 35°，按适当的中心角及顶拱厚度画出内外缘弧线。

（3）初步拟定拱冠梁剖面尺寸及各高程拱圈的厚度。一般选取 5～10 层拱圈平面，各层拱圈的圆心连线，在平面上最好对称于河谷可利用岩面的地形图，在立面上，这种圆心连线应是光滑的曲线。

（4）切取若干垂直剖面，检查其轮廓是否连续光滑，倒悬度是否满足要求，如有不符合要求处，应适当修改拱圈及梁的形状尺寸。

（5）根据以上初拟的坝体形状和尺寸进行应力计算及坝肩稳定校核。如不满足要求，应重复以上步骤修改和调整布置。

（6）计算坝体工程量，作为进行不同方案比较的依据。

由于拱坝布置需反复修改，并作多方案比较，所以按以上方法布置设计，工作量较大。目前，拱坝已可利用计算机进行优化设计，并收到了经济、满意的效果。

第三节 拱坝的荷载及荷载组合

一、拱坝的荷载

作用在拱坝上的荷载有自重、水压力、温度荷载、扬压力、浪压力、冰压力、泥沙压力和地震荷载等。荷载的计算方法与重力坝基本相同，这里仅讨论拱坝某些荷载的特点和计算方法。

（1）自重。拱坝的自重，是由梁承担还是由拱梁共同承担需视封拱程序而定。拱坝施工时若采用分坝块浇注，最后进行封拱灌浆形成整体，则自重荷载应全部由梁承担。若施工中不设缝整体浇注上升，或施工至一定高程（不到坝顶）先灌浆封拱，封拱后再继续浇注，则自重应由拱、梁共同承担。拱坝自重可采取分块求和法计算。

（2）水平径向荷载。水平径向荷载是拱坝的主要荷载之一，以静水压力为主，还有泥沙压力、浪压力和冰压力等，由拱梁共同承担，两者分担的比例通过荷载分配确定。

（3）扬压力。对薄拱坝通常可不计扬压力的影响，但对厚拱坝或中厚拱坝宜考虑扬压力的作用。此外，在作坝基及坝肩稳定分析时，则必须计入扬压力的作用。

（4）温度荷载。温度荷载是作用在拱坝上的主要荷载之一，按运行期间坝体混凝土温度与封拱温度的差值确定，并列入基本荷载组合。外界温度变化在拱坝内产生的应力及变位很大，一般温降时会产生不利的拉应力，对坝体应力状态不利；温升时则产生较大的拱轴向推力，对坝肩稳定不利。对于中小型拱坝，其温度荷载可采用下列经验公式计算。

混凝土拱坝 $$t_m = \frac{47}{T + 3.39} \quad (\text{℃}) \tag{3-5}$$

浆砌石拱坝 $$t_m = 12.52 - 0.672T \quad (\text{℃}) \tag{3-6}$$

式中 T——计算高程处的拱圈厚度，m；

t_m——坝体断面的平均温度变化值，℃。

（5）地震荷载。包括地震惯性力和地震动水压力。对于工程抗震设防类别为乙、丙类，坝高不大于 70m，设计烈度低于 8 度的拱坝，地震作用效应可采用拟静力法计算。具体计算参见我国现行 SL 203—97《水工建筑物抗震设计规范》。

其它如泥沙压力、浪压力、冰压力等，均与重力坝的相应荷载计算相类似。

二、荷载组合

拱坝设计的荷载组合分为基本组合和特殊组合两类，温度荷载应作为基本荷载。我国现行 SD 145—85《混凝土拱坝设计规范》所推荐的荷载组合如下。

（1）基本组合有：①水库正常蓄水位及相应的尾水位和设计正常温降，自重，扬压力，泥沙压力，浪压力，冰压力；②水库死水位（或运行最低水位）及相应的尾水位和设计正常温升，自重，扬压力，泥沙压力，浪压力；③其它常遇的不利荷载组合。

（2）特殊组合有：①校核洪水位及相应的尾水位和此时出现的设计正常温升，自重，扬压力，泥沙压力，动水压力，浪压力；②基本组合①加地震荷载；③施工期接缝未灌浆组合：a. 自重，b. 遭遇施工洪水时的静水压力加自重；④施工期分期灌浆组合：a. 自重及接缝灌浆部分坝体设计正常温升或设计正常温降，b. 遭遇施工洪水时静水压力加自重及接缝灌浆部分坝体设计正常温升；⑤其它稀遇的不利组合。

在选择荷载组合时，可依据工程实际情况，选择可能而又最不利的荷载组合进行计算。初选体形设计时，可用基本组合①作为控制性的荷载组合。

第四节 拱坝应力与坝肩稳定分析

一、拱坝应力

（一）应力分析方法综述

拱坝是一个形状和边界条件都很复杂的空间壳体结构，影响坝体应力分析的因素很多，要进行严格的理论计算是十分困难的。为便于数学上的处理，通常要作一些假定和简化。拱坝应力分析方法主要有以下四种：

（1）纯拱法。纯拱法假定拱坝是由一系列的拱圈所组成，各拱圈独立工作，荷载全部由水平拱圈承担，每层拱圈均作为弹性固端拱进行计算。纯拱法计算简便，概念明确，但计算中未考虑各层拱圈之间的相互关联和制约，仅考虑了坝体微分体上 12 种内力（铅直截面上的轴向力、水平力矩、铅直力矩、扭矩、径向剪力和铅直剪力；水平截面上的法向力、径向铅直力矩、切向铅直力矩、扭矩、径向剪力和切向剪力）中的三种内力，即拱圈的轴力、弯距和剪力，不符合拱坝的真实工作情况，应力成果偏大，尤其是对厚拱坝，误差更大。该法适用于狭窄河谷中的薄拱坝和小型拱坝，同时也是拱梁法的重要组成部分。

（2）拱梁分载法。该法是将拱坝视为由许多水平拱圈和铅直的悬臂梁所组成，荷载由拱和梁共同承担，拱系和梁系的荷载分配，按拱、梁相交点变位协调一致的条件来决定。荷载分配后，即可分别计算拱和梁在所分配荷载作用下的应力，梁是静定结构，应力很容易计算；拱的应力可按弹性固端拱计算。拱梁分载法就其原理讲是准确方法，能同时考虑微分体的 12 种内力。根据拱坝的实际工作状况，这 12 种内力中，对拱坝起重要作用的内力是铅直径向截面上的法向力、水平力矩、径向剪力及水平截面上的法向力、铅直力矩和径向剪力。前者相当于拱圈的轴力、弯矩和剪力，后者相当于悬臂梁的重力、弯矩和剪力，它们在拱梁分载法中可得到充分反映，因而，该法是一种接近实际的计算方法。拱梁分载法将复杂的空间壳体计算问题简化为类似结构力学的杆件结构来计算，具有力学概念明确、计算成果精确等特点，在工程上得到了广泛采用。但该法的关键在于荷载分配，计算工作量很大，常需借助于电子计算机进行计算。该法适用于大型工程及重要的中型工程。

为了简化计算，可以采用拱冠处的一根悬臂梁（拱冠梁）为代表与若干水平拱圈组成拱梁系统，并采用上述原理进行拱、梁荷载分配，再分别计算拱冠梁和拱圈的应力。这种方法称为拱冠梁法。该法计算工作量大为减小，在河谷大体对称、比较狭窄的拱坝设计中，其计算结果比较满意。适于中、高坝的初步设计和小型拱坝的技术设计。

（3）有限单元法。该法是将坝体和地基划分为有限数量的三角形或矩形单元构件，并以结点互相联结组成体系，通过建立结点位移和结点力之间的平衡方程，求得结点位移进而求出结点应力。有限元法是一种实用而效果较好的方法，但该法计算工作量很大，需使用电子计算机来完成。

（4）结构模型试验法。结构模型常用石膏加硅藻土组成的脆性材料做成，用应变仪量测加荷后模型各点应变值的变化从而求得坝体应力；也可以用环氧树脂制造模型，并用偏光弹性试验方法进行量测，进而求出坝体应力。

纯拱法是拱梁分载法和拱冠梁法的基础，本书仅简要介绍计算拱坝应力的纯拱法，其它方法请参阅《拱坝设计》等专著。

（二）纯拱法

纯拱法计算拱坝应力，实质上是用结构力学方法解三次超静定弹性拱，先求出内力进而用偏心受压公式即可求出坝体应力。用该法进行拱坝应力计算时，一般沿坝高取 5～7 道高 1m 的拱圈作为研究对象，除了弹性拱的一般假定外，拱圈的轴力、剪力、拱座变位均不能忽略。该法可单独用于拱坝设计，同时也是拱梁分载法的一个组成部分。

图 3-7 所示为一在任意荷载作用下非对称的弹性固端拱，当沿拱冠处切开时，超静定内力为 M_0、H_0 和 V_0，在左半拱圈上任一截面的静定力系为 M_L、H_L 和 V_L，则在中心角为 φ 的截面内力可由下式计算：

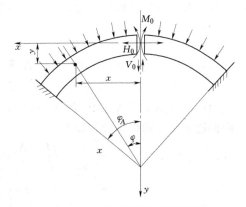

图 3-7 弹性固端拱计算简图

$$\left.\begin{array}{l} M = M_0 + H_0 y - V_0 x - M_L \\ H = H_0 \cos\varphi + V_0 \sin\varphi + H_L \\ V = -H_0 \sin\varphi + V_0 \cos\varphi + V_L \end{array}\right\} \qquad (3-7)$$

式中，x、y 与 φ 如图 3-7 所示；超静定内力 M_0、H_0 和 V_0 可由拱冠切口处的变形连续条件列力法方程求解：

$$\left.\begin{array}{l} \delta_{11}M_0 + \delta_{12}H_0 + \delta_{13}V_0 = \Delta_1 \\ \delta_{21}M_0 + \delta_{22}H_0 + \delta_{23}V_0 = \Delta_2 \\ \delta_{31}M_0 + \delta_{32}H_0 + \delta_{33}V_0 = \Delta_3 \end{array}\right\} \qquad (3-8)$$

式中，δ_{ii}、δ_{ij}、δ_{ji}（$\delta_{ij} = \delta_{ji}$，$i = 1, 2, 3$；$j = 1, 2, 3$）是与拱圈形状、尺寸及拱座变形有关的常数，称为形常数；Δ_1、Δ_2、Δ_3 是与拱圈形状、尺寸、拱座变形及荷载有关的常数，称为载常数。

其物理意义为：δ_{11} 为切口处作用一单位力矩时，该点产生的角变位；δ_{12}（δ_{21}）为切口处作用一单位轴向力（或力矩）时，该点产生的角变位（或切向变位）；δ_{13}（δ_{31}）为切口处作用一单位剪力（或力矩）时，该点产生的角变位（或径向变位）；δ_{22} 为切口处作用一单位轴向力时，该点产生的切向变位；δ_{23}（δ_{32}）为切口处作用一单位剪力（或轴向力）时，该点产生的径向变位（或切向变位）；δ_{33} 为切口处作用一单位剪力时，该点产生的径向变位；Δ_1 为荷载（含温度荷载和拱座变形，下同）作用使切口处产生的角变位；Δ_2 为荷载作用使切口处产生的切向变位；Δ_3 荷载使切口处产生的径向变位。

计算上述形常数或载常数时，对于等截面圆拱可用虚功方程的积分法求解；对于变截面拱宜用数值积分法求解。

M_0、H_0 和 V_0 求出后，即可由式（3-7）计算左半拱圈任一截面的内力。

对于右半拱圈，假定在外荷载作用下任一截面的静定力系为 M_R、H_R 和 V_R，则 M_0、H_0、V_0 与左半拱大小相等，方向相反，中心角为 φ 的任一截面的内力可由公式（3-9）计算：

$$\left.\begin{array}{l} M = M_0 + H_0 y + V_0 x - M_R \\ H = H_0 \cos\varphi - V_0 \sin\varphi + H_R \\ V = H_0 \sin\varphi + V_0 \cos\varphi - V_R \end{array}\right\} \qquad (3-9)$$

拱圈任一截面的内力求得之后，拱坝最大应力常发生在坝面，可按偏心受压公式计算。拱圈截面近似按矩形考虑，上、下游坝面的边缘应力为

$$\frac{\sigma_u}{\sigma_d} = \frac{H}{T} \pm \frac{6M}{T^2} \qquad (3-10)$$

式中　σ_u、σ_d——上下游面的应力，以压应力为正；

$\quad\quad\quad T$——计算截面处的拱圈厚度。

当拱厚与拱轴半径之比 $T/R > 1/3$ 时，应计入拱圈曲率的影响，按厚拱考虑。上、下游面边缘应力的计算公式如下：

$$\frac{\sigma_u}{\sigma_d} = \frac{H}{T} \pm \frac{M}{I_n}(0.5T \pm \varepsilon)\frac{R - \varepsilon}{R + 0.5T} \qquad (3-11)$$

$$\varepsilon = R - \frac{T}{\ln P \dfrac{R + 0.5T}{R - 0.5T}} \qquad (3-12)$$

式中 I_n——拱圈截面惯性矩，仍可近似按矩形计算；

ε——中性轴的偏心距。

上述纯拱法计算工作量较大，如遇等厚对称圆弧拱，可直接查用现成的表格进行计算，具体方法详见《砌石坝设计》等专著。

（三）应力控制标准

对于混凝土拱坝，坝内的主压应力和主拉应力应符合以下要求：

（1）容许压应力。混凝土的容许压应力等于混凝土的极限抗压强度（90天龄期）除以安全系数。对于基本荷载组合，安全系数为4.0；对于特殊组合，安全系数为3.5。

（2）容许拉应力。对于基本荷载组合，容许拉应力为1.2MPa；对于特殊荷载组合，容许拉应力为1.5MPa。

对于浆砌石拱坝，目前尚无统一标准。

二、坝肩稳定分析

坝肩（拱座）稳定是拱坝安全的重要保证。过去的工程实践证明，拱坝的重大事故基本上均与坝肩的滑动失稳有关。如法国的马尔帕赛双曲拱坝，坝高60m，整个左岸坝体沿一条断层面滑动，导致溃坝失事。因此，在完成拱坝平面布置和坝体应力分析之后，必须对坝肩两岸岩体进行抗滑稳定分析。

坝肩岩体稳定分析的方法有理论计算分析法和模型试验法。因模型试验的工作量大，费用高，所以，目前还多以理论计算分析法为主。该法按对岩体性质的假定不同，又分为刚体极限平衡法和有限元法两类。下面介绍目前工程设计中使用较为普遍的刚体极限平衡法。

平面分层稳定分析法是刚体极限平衡法中的一种，适用于坝肩岩体稳定的初步估算和地质条件简单而无特定滑裂面的情况。

取高度为1m的水平拱圈及相应的坝肩岩体作为研究对象，如图3-8所示的滑裂体的滑裂面为铅直面，平面上的长度为 $\overline{AB}$。由拱端及梁底传给滑裂体的力（包括法向力和剪力）分别为 H、V_a 及 G、V_b，其中 G 直接传给滑裂体底面，而 H、V（即 V_a+V_b）传给铅直侧面 AB。这样垂直于滑裂面 AB 的力 $N=H\sin\theta-V\cos\theta$，而平行于 AB 面的力 $Q=H\cos\theta+V\sin\theta$，式中 H、V 为拱梁分载法的计算成果（H 为拱端轴力；V 为拱端径向剪力）。以上诸力计算后，即可按下式计算其稳定安全系数。

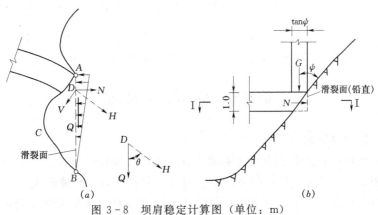

图3-8 坝肩稳定计算图（单位：m）

$$K_1 = [(N-U)f_1 + (G+W)f_2 + cl]/Q \qquad (3-13)$$

$$K_2 = [(N-U)f'_1 + (G+W)f'_2]/Q \qquad (3-14)$$

式中 f_1、f'_1——沿滑动面 AB 的摩擦系数；

f_2、f'_2——沿水平岩层的摩擦系数；

$\quad\;\; U$——滑动面 AB 上的渗透压力；

$\quad\;\; G$——拱端面上的悬臂梁自重（宽度为 $1 \times \tan\psi$）；

$\quad\;\; W$——拱座下游滑动岩体 ABC 的重量（高度为 1m）；

$\quad\;\; c$——滑动面 AB 上的粘聚力强度；

$\quad\;\; l$——滑动面 AB 的长度。

上述分层计算法比较简单，但由于忽略了拱圈上、下层面上某些力的影响，使计算成果偏于安全。抗滑稳定安全系数的取值为：$K_1 \geqslant 2.5\sim3.5$；$K_2 \geqslant 1.0\sim1.35$。

若分层稳定分析中个别拱圈的稳定不满足要求时，则需进行整体稳定计算。整体稳定的计算方法请参阅有关书籍。

三、提高坝肩稳定的措施

通过坝肩稳定分析，如不能满足要求时，可采取以下措施提高坝肩稳定：

（1）加强地基处理。对基岩不利的节理、裂隙等进行固结灌浆，提高其抗剪强度。

（2）加强岸边的灌浆和排水措施，减小岩体内的渗透压力。

（3）利用坝基开挖，将拱座开挖成有利于稳定的形状，或将拱端向岸壁深挖嵌入岩体之中。图 3-9 所示的拱座开挖形状，均可不同程度地提高坝肩的稳定性。

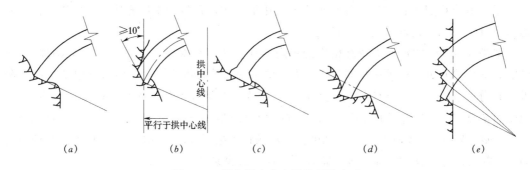

图 3-9 提高拱座稳定性的开挖方式

（4）改进拱圈设计，如采用抛物线拱等形式，使拱端推力尽可能趋向正交于岸坡。

（5）如坝肩基岩承载能力较差，可局部扩大拱端或设置推力墩。

第五节 拱坝的泄洪

一、拱坝的泄洪形式

拱坝多修建在河谷狭窄、岸坡陡峭的地方，所以多采用坝身泄洪。根据坝址的地形、地质、水流和枢纽布置等条件，拱坝的泄洪方式可归纳为以下几种形式：

（1）自由跌流式。对于比较薄的双曲拱坝或小型拱坝，常采用坝顶自由跌流的方式，

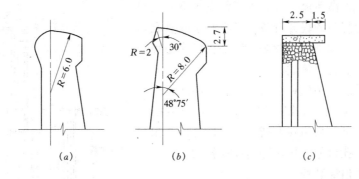

图 3-10　自由跌落式泄水（单位：m）

(a) 湖南半江；(b) 浙江雅溪；(c) 浙江仙华

如图 3-10 所示。溢流头部通常采用非真空的标准堰型。这种形式适用于基岩良好、泄洪量不大的情况。

(2) 鼻坎挑流式。鼻坎挑流是将坝顶做成适当延伸形成短悬臂挑坎型式，如图 3-11 所示。这种型式挑距较远，有利于坝身安全，适用于单宽流量较大、坝较高的情况。

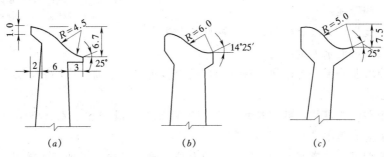

图 3-11　鼻坎挑流式泄水（单位：m）

(a) 四川长沙坝；(b) 湖南花木桥；(c) 广东泉水

(3) 滑雪道式。滑雪道式的溢流面是由坝顶曲线段、泄槽段和挑流鼻坎段三部分组成。溢流面之下可以做成架空的或设置水电站厂房（见图 3-12）。滑雪道式一般多采用两岸对称布置，可使两股水流相互碰撞消杀能量，减轻冲刷。这种形式适用于泄洪量大、河床狭窄或河床岩石条件较差需将水流挑至更远处的情况。

(4) 坝身泄水孔式。拱坝坝身泄水孔有两种，布置在坝身上部的称为中孔，可以担任泄洪任务；布置在坝身下部的称为底孔，可以用来放空水库，排沙、导流及辅助泄洪等。中孔一般设在河床中间部分，以利于消能和防冲。如我国的高为 58m 的欧阳海拱坝，设有 5 个宽为 11.5m、高 7m 的大孔口，如图 3-13 所示。

中孔断面一般采用矩形，进口采用喇叭形渐变，

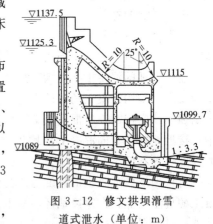

图 3-12　修文拱坝滑雪
道式泄水（单位：m）

以使水流平顺，提高泄流能力。闸门常设于下游出口处，既便于布置闸门的提升设备，又有利于改善孔口周边应力状态。工作闸门一般多采用平板门，也可用弧形门。出口一般用挑流式。

拱坝底孔受应力条件和闸门制造能力的限制，一般不宜用过大的尺寸。在薄拱坝内多采用矩形孔道；当坝厚较大时，可以采用圆形断面，用渐变段与出口处闸门段的矩形孔口相连接，并用钢板衬砌。

二、拱坝的消能防冲

由于拱坝在平面上呈曲线形，泄流过坝后会产生向心集中作用，使下游河床冲刷加剧，这是拱坝泄流的一个最大特点。拱坝的消能方式，除下游河床岩石条件较差或有其它特殊要求时，需采用底流消能外，基本上都是采用挑流消能。为使水流充分扩散，增加空中消能效果以减少落入河床处单位面积上的能量，可采取如下一些措施：

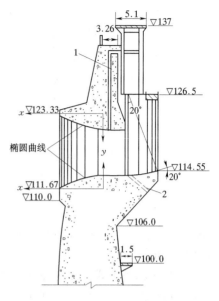

图 3-13 欧阳海拱坝坝身泄水孔
1—通气孔；2—排水孔

（1）将溢流坝段分段对称布置，使两股或数股射流在空中对撞，可消杀大量动能。

（2）将边墩及分流墩的径向位置逐渐扭转至接近平行于河道中心线，以利水流横向扩散，减少向心作用。

（3）采用差动式鼻坎，并将鼻坎平行于河道布置，既增加了水舌空中碰撞和扩散消能，又减少了向心集中。

（4）在下游设第二道壅水坝，抬高下游水位，形成水垫，增加消能效果。

（5）设置护坦、护坡，保护下游坝基附近的河床和两岸山坡不被冲刷。

第六节 拱坝的构造和地基处理

一、拱坝的材料

拱坝材料有混凝土、浆砌块石和浆砌条石等。中、小型拱坝多采用浆砌石，高拱坝则多用混凝土建造。由于拱坝坝身比较单薄，对材料的要求比重力坝更高些。

建造拱坝的混凝土必须满足规范规定的强度、抗渗、抗冻、抗冲刷、抗侵蚀及低热等性能要求。采用混凝土的龄期多为 90 天或 180 天，强度等级一般为 C25、C30。混凝土的早期强度，应控制表层混凝土 7 天龄期的强度不低于 C10，以确保早期的抗裂性。在高坝中，接近地基部分的混凝土，其 90 天龄期强度等级不得低于 C25，内部混凝土 90 天龄期的强度等级不低于 C20。

对拱坝坝体混凝土的强度等级与各种性能应分区提出要求。在坝体上游面，应控制混凝土的抗渗性能；在寒冷地区，对上、下游水位变动区及所有暴露面应控制混凝土的抗冻性能。拱坝混凝土的分区要求与重力坝基本相同，但坝体厚度小于 20m 时，混凝土的强度等级最好不要分区。

二、拱坝的构造

(1) 坝顶构造。拱坝坝顶高程及防浪墙顶高程的确定同重力坝,坝顶宽度应满足运行与交通要求,无交通要求时,不小于3m,路面应有横向坡度和排水系统。坝顶一般不配钢筋,但在严寒地区或地震区,可布置钢筋以增强坝的抗冻性和整体性。

在溢流坝段应结合溢流方式,布置坝顶工作桥、交通桥,其尺寸必须满足泄洪、启闭设备布置、运行操作、交通和观测、检修等要求。

(2) 廊道。为满足拱坝基础灌浆、排水、观测、检修和坝内交通等要求,应在坝内设置廊道(图3-14)。由于拱坝厚度较薄,应尽可能少设廊道,以免对坝体削弱过多。对于中、低薄拱坝,可少设或不设坝内廊道,考虑分层设置坝后桥,作为坝体交通、封拱灌浆和观测检修之用。廊道之间均应相互连通,可采用电梯、坝后桥及两岸坡道等。纵向廊道的上游壁距上游坝面的距离一般为0.05~0.1倍的坝面作用水头,且不小于3m。

坝基一般设置基础灌浆廊道,其底部高程约在坝基面以上3~5m,其断面尺寸应满足灌浆机具尺寸和工作空间的要求。图3-14为安徽省响洪甸厚拱坝最大剖面的廊道及排水管道。

(3) 防渗和排水。拱坝的防渗和排水,与重力坝相似。对于浆砌石拱坝,一般在坝体上游面1~2m范围内采用抗渗混凝土防渗体,也可采用钢丝网喷浆防渗护面。坝身一般设置竖向排水管(图3-14),管距一般为2.5~3.5m,内径一般为15~20cm。对于无冰冻地区的薄拱坝,坝身可以不设排水管。

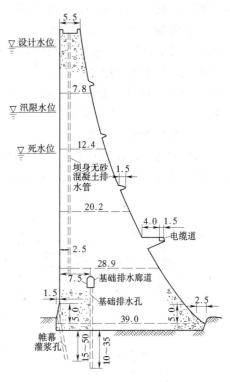

图3-14 拱坝的孔口和廊道(单位:m)

(4) 坝体分缝。拱坝不设永久缝,但由于拱坝也是分层分块地进行浇注或砌筑,为满足散热和施工的需要,在施工过程中应设伸缩缝(属于施工缝),即横缝和纵缝(图3-15)。当坝体混凝土冷却到稳定温度或低于稳定温度2~3℃以后,再用水泥浆将收缩缝封填,以保证坝体的整体性。

横缝是沿半径向设置的收缩缝。横缝间距(指沿上游坝面的弧长)一般为15~20m。在变半径拱坝中,若将横缝都按径向布置,必然会使横缝成为近于铅直的扭曲面,给施工带来不便。为便于施工,对不太高的拱坝也可以中间高程处的拱半径方向为准,从上至下用铅直平面来分缝。横缝底部缝面与地基面的夹角不得小于60°,尽可能接近于正交。缝内一般要设置键槽,以提高坝体的抗剪强度。

厚度大于40m的拱坝,可考虑设置纵缝,相邻坝体之间的纵缝应错开。纵缝间距一般为 20~40m，为了施工方便，一般采用铅直纵缝，但在下游坝面附近应逐渐过渡到正交于坝面，避免浇筑块出现尖角。

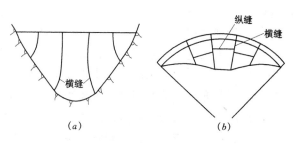

图 3-15　拱坝的横缝与纵缝

横缝又可分为宽缝 [图 3 - 16 (b)] 与窄缝 [图 3 - 16 (a)] 两种。宽缝的宽度约为 0.7~1.2m，直接用混凝土填塞，缝内设有键槽，并在上游面设有钢筋混凝土塞。宽缝散热较好，但在回填混凝土冷却后还会产生裂缝，需在填缝后再进行灌浆，这种缝多用于浆砌石拱坝。在混凝土拱坝中多采用窄缝，这是相邻坝段混凝土自行收缩而形成的缝，缝的表面一般也是做成键槽接合 [图 3 - 16 (c)]，并预埋灌浆管和出浆盒，在坝体冷却后进行压力灌浆。

三、拱坝的地基处理

拱坝的地基处理和岩基上的重力坝基本相同，但要求更为严格，包括两岸坝肩的处理和河床段处理，前者尤为重要。处理措施通常有以下几种：

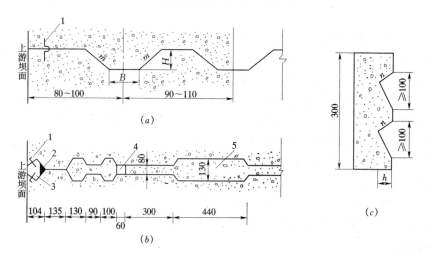

图 3-16　拱坝纵横缝键槽及宽缝（单位：cm）
（a）横（窄）缝键槽；（b）宽缝；（c）纵缝键槽
$H=15\sim20\text{cm}$；B——以能安装灌浆盒为宜；m——坡度，可为 1.5~2.0；n——坡度，应结合主应力方向考虑，可为 1.2~1.5；$h=30\sim40\text{cm}$；1—金属止水片；2—沥青止水体；3—钢筋混凝土塞；4—排水井；5—回填混凝土

（1）坝基开挖。高坝一般宜开挖到新鲜基岩或微风化的下部基岩，中坝宜开挖到微风化的中下部基岩。岩面开挖应整齐，凹凸相差不宜超过 0.3m。两岸拱端处内弧面的切线方向与利用岩面等高线的交角不小于 30°，尽量开挖成全径面向 [图 3-17 (a)]；如开挖量过大时，也可采用非全径向面开挖 [图 3-17 (b)]；如两岸岩体单薄，可将基岩开成深槽，使拱端嵌入岩体内 [图 3-17 (c)]。

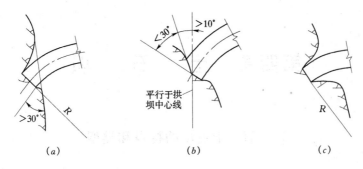

图 3-17 坝肩（拱座）开挖

（2）固结灌浆。固结灌浆的范围和孔深主要根据基岩的节理、裂隙发育情况，以及坝基和坝肩的变形控制与稳定要求加以确定。孔深一般为 5～15m，孔距为 3～6m。

（3）防渗帷幕。防渗帷幕一般布置在压应力区，并尽可能地靠近坝的上游面，帷幕轴线的方向要延伸到岸坡内一定距离（约为 0.5 倍坝高），以减小两岸绕渗引起的渗透压力。防渗帷幕孔的深度应依据坝高、基岩地质条件、岩体的透水率等因素并结合拱坝的稳定要求确定，原则上应伸入到相对隔水层，若相对隔水层埋藏较深，帷幕孔深一般可采用坝高的 0.3～0.7 倍。帷幕孔一般采用 1～3 排，视坝高和地基情况而定，其中第一排是主帷幕，应钻灌至设计深度，其余各排可取主孔深的 0.5～0.7 倍。孔距约为 1.5～3.0m，排距宜略小于孔距。

（4）坝基排水。在防渗帷幕的下游应设置排水，排水孔一般设一排，孔距为 3m 左右，孔深约为防渗帷幕孔深的 0.4～0.75 倍，且不小于固结灌浆孔的深度。对于高坝以及两岸地形较陡、地质条件复杂的中坝，宜在两岸设置多层排水平洞，在平洞内钻设排水孔，以便充分降低两岸岩体内的地下水位和扬压力。

（5）断层破碎带处理。对于坝基范围内的断层破碎带，应针对各种具体情况，进行开挖回填，或用混凝土塞、传力墙等措施，原则上可以参考岩基上重力坝的地基处理方法。对于特殊地质情况的处理，应作专门研究。

（6）河岸岩基锚固。当河岸有剪切裂隙使岸坡不够稳定时，可采用锚固法，即在岩基内钻孔并放入钢锚杆，然后用水泥砂浆填实。锚杆深度必须达到完整稳定的岩层。

第四章 土 石 坝

第一节 土石坝的特点和类型

一、土石坝的特点

土石坝是利用当地土石料填筑而成的一种挡水坝，故又称当地材料坝。土石坝之所以被广泛采用，是因为它具有以下优点：①就地取材，可节省大量水泥、钢材和木材；②适应地基变形的能力强，对地基要求比混凝土坝低；③施工技术较简单，工序少，便于机械化快速施工；④结构简单，工作可靠，便于管理、维修、加高和扩建。土石坝也存在着一些缺点，如：①坝顶一般不能溢流，需另设溢洪道；②施工导流不如混凝土坝方便；③当采用粘性土料填筑时受气候条件的影响较大。

土石坝坝体主要由土料、砂砾、石碴、石料等散料体构成，为使其安全有效地工作，在设计、施工和运行中必须满足以下的要求：①坝体和坝基在各种可能的工作条件下都必须稳定；②经过坝体和坝基的渗流既不能造成水库水量的过多损失，又不致引起坝体和坝基的渗透变形破坏；③不允许洪水漫顶过坝造成事故；④应防止波浪淘刷、暴雨冲刷和冰冻等的破坏作用；⑤要避免发生危害性的裂缝。

二、土石坝的类型

土石坝按施工方法可分为：碾压式土石坝、水力冲填坝和水中倒土坝三种。本章主要讲述应用最多的碾压式土石坝。

碾压式土石坝是将土石料按设计要求分层填筑碾压而成。碾压式土石坝可采用均质土坝、土质防渗体土石坝、非土质防渗体土石坝和过水土石坝等型式。

（1）均质土坝。坝体基本上由一种透水性较小的土料（壤土、砂壤土等）填筑而成，如图4-1所示。这种坝型土料单一，施工方便，便于质量控制，较适宜于非专业性施工队伍施工。因此当坝址附近有性质适宜、数量足够的土料时，宜优先采用。

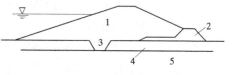

图4-1 均质土坝

1—均质土；2—坝趾排水体；3—截水槽；4—覆盖层；5—不透水地基

（2）土质防渗体土石坝。以防渗性较好的土石料做防渗体，坝体其余部分用透水料（砂、砂砾料或堆石料）填筑。其中，防渗体位于坝体中部或稍向上游倾斜的，称为心墙土石坝［图4-2（a）］或斜心墙土石坝；防渗体位于坝体上游的，称为斜墙土石坝［图4-2（b）］。土质斜墙的上游也可设置较厚的砂砾石层或堆石层。

在粘性土较少而砂、石料较多的地方，可采用这种坝型。土质斜墙坝与心墙坝相比，斜墙与坝壳之间施工干扰较小，防渗效果也较好，但粘土用量和坝体总工程量一般比心墙

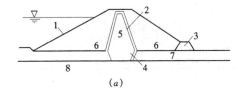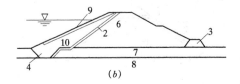

图 4-2 土质防渗体土石坝
(a) 心墙土石坝；(b) 斜墙土石坝
1—块石护坡；2—反滤层；3—坝趾排水体；4—截水槽；5—土质心墙；6—砂砾料或堆石；
7—覆盖层；8—不透水地基；9—斜墙保护层；10—土质斜墙

坝大些，并且其抗震性能和对不均匀沉陷的适应性也不如心墙坝好。

（3）非土质防渗体土石坝。当坝趾附近缺少合适防渗土料而又有充足石、砂料时，可采用钢筋混凝土、沥青混凝土、土工膜等非土质材料作防渗体，坝体其余部分由砂砾料或堆石填筑。防渗体可位于坝上游面、中间或中间偏上游（图 4-3）。常见的坝型有钢筋混凝土面板坝、沥青混凝土面板坝、沥青混凝土心墙坝和土工膜防渗土石坝。

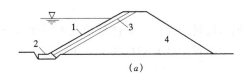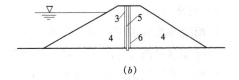

图 4-3 非土质防渗体土石坝
(a) 面板堆石坝；(b) 心墙土石坝
1—非土质防渗材料面板；2—趾板；3—垫层及过渡区；4—堆石或砂砾料；
5—非土质防渗材料心墙；6—垫层

近二三十年来，由于采用振动碾碾压堆石，使得混凝土面板堆石坝获得很大发展。面板坝坝体较小，运用安全，施工维修也较方便，在地质条件较好，又有适宜石料的情况下，防渗面板坝是一种经济安全的坝型。

由于刚性心墙与两侧填土的弹性模量相差较大，地震时二者的变形差较大，易于引起振动破坏。因此，在 7 度及 7 度以上的地震区不宜修建刚性心墙坝。

随着人工合成材料的发展，用土工膜的土石坝逐渐兴起。土工膜不仅防渗性能好，而且具有质量轻、柔性好、强度高、耐磨、施工简便等优点。土工膜最常见的破坏是被硬物刺穿，针对这种情况，目前工程中采用的多为由土工织物和土工膜在工厂加工复合而成的复合土工膜。这种复合结构改善了单一土工膜的工程特性（如抗拉强度、抗顶破及穿刺强度、摩擦特性等），简化了施工程序，因而复合土工膜是用于土石坝防渗的较理想材料。

（4）过水土石坝（图 4-4）。按坝体主要材料的不同，可分为过水堆石坝和过水土坝。当坝址没有适宜的地形地质条件布置岸边溢洪道时，在单宽流量不大、消能可靠的条件下，经过技术经济比较后，小型水库工程可以采用过水土石坝解决泄洪问题。

过水土石坝坝顶过流时的工作条件比较复杂，因为当坝较高、流量较大、流速超过一定值时，面板所受的负压（脉动压力）增大，如面板不平则会引起较大的动水压力，将直接影响溢流护面的稳定性，并可能危及坝的安全。因此，必须慎重对待。

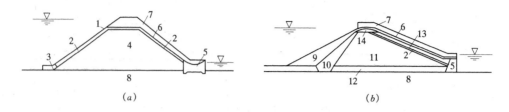

图 4-4　过水土石坝

(a) 过水堆石坝；(b) 过水土坝

1—混凝土防渗斜墙；2—垫层；3—趾板；4—堆石；5—混凝土墩；6—混凝土溢流面板；7—导流墙；
8—岩石地基；9—保护层；10—土质斜墙；11—砂砾料；12—覆盖层；13—干砌块石；14—堰体

第二节　土石坝的剖面与构造

一、土石坝剖面的拟定

土石坝的剖面尺寸主要是指：坝坡大小、坝顶宽度和坝顶高程。

（一）坝坡

土石坝的坝坡取决于坝型、坝高、坝体和坝基材料的性质、坝体所承受的荷载以及坝的施工情况和运用条件等因素。设计中可类比已建工程的经验初拟坝坡，再进行坝坡稳定计算，使确定的坝坡满足稳定要求。

一般情况下，上游坝坡经常浸在水中，工作条件不利，所以当上下游坝坡采用同一种土料时，上游坝坡比下游坝坡缓。心墙坝上下游坝壳多采用强度较高的非粘性土填筑，所以坝坡一般比均质坝陡。塑性斜墙坝上游坝坡较缓，下游坡则和心墙坝相仿。地基条件好、土料碾压密实的，坝坡可以陡些，反之则应放缓。当坝高大于 10～13m 时，可分级采用不同的坡度，对于粘性土料占坝体大部分的土坝，一般坝坡为上陡下缓，而对于非粘性土占坝体大部分的土坝，可采用一个坡度。在变坡处可根据需要确定是否设置马道，其宽度不小于 1.5m，每级马道的高差可采用 8～12 m。

初拟坝坡时，可参考表 4-1 数据，砂性土取较陡值，粘性土取较缓值。

表 4-1　　　　　　　　　　土 坝 坝 坡 比 参 考 值

坝高（m）	<10	10～20	20～30
上游坝坡	1:2.00～1:2.50	1:2.25～1:2.75	1:2.50～1:3.00
下游坝坡	1:1.50～1:2.00	1:2.00～1:2.50	1:2.25～1:2.75

（二）坝顶宽度

当坝顶有交通要求时，路面宽度宜按公路标准确定，否则可根据施工和运行检修时设备通行的要求及构造要求确定。一般情况下，中、低坝的坝顶宽度可采用 5～10m，高坝采用 10～15m。

（三）坝顶高程

坝顶高程应在水库静水位（正常运用情况或非常运用情况）以上，并必须有足够的超高。坝顶超高按下式确定：

$$\left.\begin{array}{l} Y=R+e+A \\ e=0.0036\dfrac{v^2 D}{2gH}\cos\beta \\ R=3.2K_\Delta(2h_l)\tan\alpha \end{array}\right\} \qquad (4-1)$$

其中

式中　Y——坝顶在静水位以上的超高，m；

　　　R——风浪沿着坝坡的最大爬高，m；

　　　e——风壅水面超出原库水面的高度，m；

　　　A——安全加高，m，按表4-2采用；

　　　K_Δ——坝坡护面的糙率系数，沥青混凝土护面取1.0，混凝土板护面取0.9，砌石护面取0.75～0.80，抛石护坡取0.50～0.65；

　　　$2h_l$——波高，m，见第二章式（2-6）；

　　　α——静水位处坝的坡角，(°)；

　　　v——库水位上空10m处的风速，m/s，正常运用条件下的Ⅰ、Ⅱ级坝，采用多年平均最大风速的1.5～2.0倍，Ⅲ、Ⅳ、Ⅴ级坝采用1.5倍，非常运用条件下均采用多年平均最大风速；

　　　H——坝前水深，m；

　　　D——吹程，km，取坝前沿至对岸的最大直线距离，但以5倍平均水面宽度为限；

　　　β——风向与坝轴线法线方向的夹角，(°)。

坝顶高程应分别按以下情况计算，取其最大值：①正常蓄水位或设计洪水位加正常运用情况的坝顶超高；②校核洪水位加非常运用情况的坝顶超高；③正常蓄水位加非常运用情况的坝顶超高加地震涌浪高。

表4-2　安全加高A

运用情况	坝的等级			
	Ⅰ	Ⅱ	Ⅲ	Ⅳ、Ⅴ
正常	1.5	1.0	0.7	0.5
非常	0.7	0.5	0.4	0.3

在地震区，地震涌浪高度可根据设计烈度和坝前水深采用0.5～1.5m。竣工时的坝顶高程应预留沉降量。沉降量应根据坝基和坝体材料的性质通过计算或类比确定。因地震时会引起附加沉降，故在地震区可适当加大预留沉降量。

当坝顶上游侧设有稳定、坚固、不透水且与坝的防渗体紧密结合的防浪墙时，可利用防浪墙抵御风浪，坝顶超高可以是静水位到防浪墙顶的高差。但在正常运用情况下，坝顶应高出静水位至少0.5m；在非常情况下，坝顶应不低于静水位。防浪墙高度（坝顶以上部分）可采用1.0～1.2m。

二、土石坝的构造

（一）坝顶构造

坝顶一般都做护面，可采用碎石、砂砾石或铺渣油，以防雨水冲刷。如作交通用，则应满足道路的设计要求。

在坝顶上游侧可以设置防浪墙。防浪墙可采用浆砌石或混凝土预制块砌筑，应有足够的坚固性，且底部应与防渗体紧密结合，墙身应设置伸缩缝。混凝土面板堆石坝的防浪墙一般兼有挡水作用，故伸缩缝内应设止水。在坝顶下游侧宜设置路缘石，结合坝顶排水，路缘石应设置排水口。坝顶路面可向上、下游分别倾斜2%～3%，当设防浪墙时，只向下游倾斜。如有条件，可在坝顶上游侧设置照明设备（图4-5）。

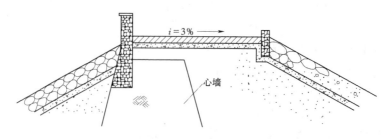

图4-5　坝顶构造

（二）防渗体

设置防渗体的目的是：减少通过坝体和坝基的渗漏量；降低浸润线（坝体内渗流的水面线叫浸润线，如图4-6所示），以增加下游坝坡的稳定性；降低渗透坡降以防止渗透变形。土石坝的防渗措施应包括坝体防渗、坝基防渗及坝体与坝基、岸坡及其它建筑物连接的接触防渗。下面仅介绍坝体防渗，后两部分放在本章第六节及第八节中阐述。均质坝因坝体土料透水性较小，本身就是一个防渗体。除均质坝外，一般土石坝均应设置专门的防渗体。常用的防渗体是土质防渗体。当筑坝地区缺乏合适的防渗土料时，可考虑采用非土质防渗材料，如钢筋混凝土、沥青混凝土及土工膜等。用钢筋混凝土及沥青混凝土作防渗体，将在本章第七节中叙述。

（1）土质防渗。土质防渗体（土质心墙或斜墙）的顶部高程应高出正常运用的静水位0.3m以上，且不低于非常运用情况下的静水位，如防渗体顶部与防浪墙紧密连接，可不受此限，但此时防渗体顶部不应低

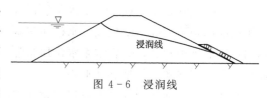

图4-6　浸润线

于正常运用的静水位。土质防渗体自上而下逐渐加厚，顶部宽度按构造和施工要求确定，且不宜小于3.0m；底部厚度，斜墙不宜小于水头的1/5，心墙不宜小于水头的1/4。土质心墙、斜墙的顶部及土质斜墙的上游均应设砂性土保护层。其厚度应大于冻结和干燥深度，一般不小于1.0m。防渗体两侧应设反滤层或过渡层。

（2）土工膜。在岩土工程中用于防渗的合成材料称为土工膜。为保护土工膜免遭损坏，应在土工膜上面铺设保护层，其下设置支持层。保护层分面层和垫层。面层应防御风浪淘刷，垫层应保护土工膜不被刺破。保护层的厚度应能保护土工膜不受紫外线的辐射。支持层的作用是使土工膜受力均匀，免受局部集中应力而破坏，支持层应采用透水材料填筑，能通畅排除通过土工膜的渗水。防渗土工膜应与坝基、岸坡或其它混凝土建筑物形成封闭的防渗系统，应做好周边缝的处理，其结构尺寸应能满足渗透坡降和变形的要求。

（三）坝体排水设备

坝体排水设备的作用是排除坝体渗水，降低浸润线及孔隙压力，防止坝坡冻胀破坏与渗透变形，增加下游坝坡的稳定性。常见的形式有以下几种：

（1）棱体排水［图4-7（a）］。适用于下游有水的情况，其顶部高程应超出下游最高水位0.5m以上，同时应保证坝体浸润线与坝面的最小距离大于本地区的冻结深度。棱体内坡可取1:1.0，外坡取1:1.5或更缓，棱体顶宽应满足施工和观测需要，不宜小于1.0m。这种排水设备能降低浸润线，防止坝坡冻胀和渗透变形，保护下游坝脚不受尾水冲刷，且有支持坝体稳定的作用，比较可靠，但石料用量较大。土石坝的河槽部分常用这种排水体。

（2）贴坡排水［图4-7（b）］。顶部应高出浸润线逸出点1.5m以上，且应使坝体浸润线在冻结深度以下。排水设备的厚度应大于冻结深度，其下部与坝脚排水沟相接。这种排水设备不能降低浸润线，但用料较少，便于检修，能防止浸润线出逸点以下坝坡产生渗透变形，适用于浸润线较低的坝和下游无水的中小型土石坝。

（3）坝内排水［图4-7（c）］。包括褥垫排水、竖向排水、网状排水等。这种排水设备适用于下游无水的情况，排水体深入坝体内部，能有效地降低浸润线。其缺点是石料用量较多，造价高，检修困难，与坝体施工干扰大。坝内排水往往是由几种排水结合起来使用的，如褥垫排水和竖向排水结合，褥垫排水与水平排水及竖向排水结合等。

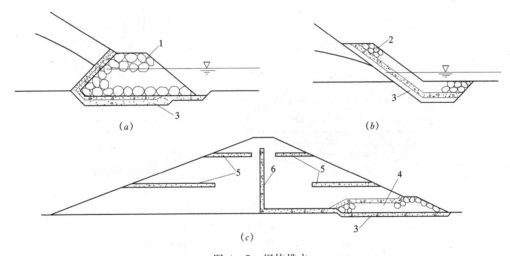

图4-7　坝体排水

（a）堆石棱体排水；（b）贴坡排水；（c）坝内排水

1—堆石；2—干砌石；3—反滤层；4—褥垫排水；5—水平排水；6—竖向排水

（四）护坡及坝面排水

（1）护坡。上游护坡可采用抛石、干砌石、浆砌石、混凝土块（板）或沥青混凝土，其中以干砌块石护坡最常用。根据风浪大小，干砌石护坡可采用单层砌石或双层砌石，单层砌石厚约0.3~0.5m，双层砌石厚约0.4~0.6m，下面铺设0.15~0.25m厚的碎石或砾石垫层。护坡范围：上至坝顶，下至水库最低水位1.5m以下，低坝常护至坝底。在马道及坡脚应设置基座以增加稳定性（图4-8）。

下游护坡可采用草皮、碎石或块石等，其中草皮护坡是最经济的形式之一。下游坝面需要全部护砌。如坝体为堆石、碎石或卵石填筑，可不设护坡。

（2）坝面排水。为防止雨水冲刷，在下游坝坡上常设置纵横连通的排水沟。沿土石坝

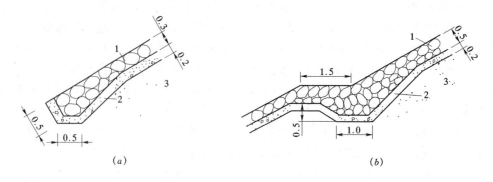

图 4-8 干砌石护坡（单位：m）
1—干砌石；2—垫层；3—坝体

与岸坡的连接处，也应设置排水沟以拦截山坡上的雨水。坝面上纵向排水沟沿马道内侧布置，横向排水沟可每隔 50～100m 设置一条，总数不少于两条。排水沟断面可取 25cm×25cm，可采用浆砌石或混凝土块砌筑（图 4-9）。

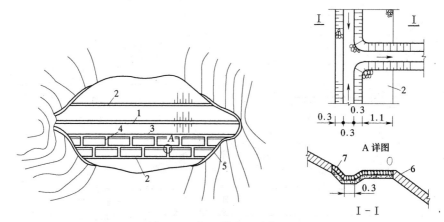

图 4-9 坝面排水（单位：m）
1—坝顶；2—马道；3—纵向排水沟；4—横向排水沟；
5—岸坡排水沟；6—草皮护坡；7—浆砌石排水沟

（五）反滤层

在渗流逸出处或进入排水设备处以及土质防渗体与坝壳和坝基透水层之间，通常渗流水力坡降较大，土壤易于产生渗透变形。为了防止土体渗透破坏，应在坝体或土基与排水体之间、防渗体与坝壳或坝基透水层之间设置反滤层。

反滤层一般由 1～3 层不同粒径的砂砾料构成。层面应大致与渗流正交，粒径随渗流的方向而增大。

对反滤层的基本要求是：被保护土层的土壤颗粒不应被冲过反滤层；反滤层的相邻两层，粒径较小层的颗粒不能通过粒径较大层；反滤层每一层内的颗粒不应发生移动；反滤层不致被淤塞。因此，反滤料一般采用比较均匀的、抗风化的砂、砾、卵石或碎石等。

反滤层的厚度应根据材料的用途及施工方法等情况确定，水平反滤层每层的最小厚度可采用 30cm，竖向或倾斜反滤层每层的最小厚度可采用 40cm。

第三节 土石坝的渗流计算

一、渗流计算的任务

渗流计算的任务是：①计算通过坝体和坝基的渗流量，以估算水库的渗漏损失；②确定坝体浸润线的位置，为坝坡稳定分析提供依据；③计算坝体和坝基逸出区的渗透坡降，判断其渗透稳定性。

二、渗流计算的方法

土石坝渗流计算的方法，基本上可分为公式计算法（流体力学法、水力学法）和流网法两大类。

流体力学法是从数学物理观点来考虑渗透水流运动的，可以求得任意点的渗流要素，理论上可以得到精确解答。但是，由于土石坝渗流的边界条件复杂，现在尚不能完全得到解答。

水力学法是一种近似解法，计算简单，可满足工程要求，是一种常用的方法。但水力学法，只能求得断面的平均渗透坡降和平均流速，不能求得任意点渗流要素。水力学法作了如下基本假定：

(1) 坝体土料为均质的，坝体内每点在各方向的渗透系数 K 是相同的。

(2) 渗流为层流，认为渗透水流符合达西定律，即 $v = KJ$（v 为渗透流速，K 为渗透系数，J 为渗透坡降）。

(3) 渗透水流为渐变流，认为任意一个过水断面上各点的坡降和流速是相同的。

流网法的流网可用作图、数值分析和模型试验（电拟法、电阻网法、缝隙水槽实验法）绘制。采用图解流网法可求得渗流场中任意点的渗流要素。对于重要工程还可采用模型实验对计算结果进行核对。

进行渗流计算时，应考虑水库运行中可能出现的不利情况，常需计算以下几种水位组合情况：①上游正常高水位与下游相应的最低水位；②上游设计洪水位与下游相应的最高水位；③上游校核洪水位与下游相应的最高水位；④库水位降落时对上游坝坡稳定最不利的情况。

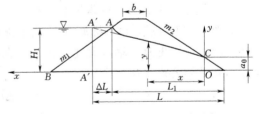

图 4-10 不透水地基上无排水设备、下游无水的均质坝渗流计算图

三、均质土坝的渗流计算

1. 不透水地基上无排水设备或设贴坡排水设备、下游无水情况的渗流计算

如图 4-10 所示，以 O 为坐标原点，OC 为 y 轴，坝底 OB 为 x 轴，C 为浸润线逸出点，则浸润线方程式和坝体单宽渗流量 q 用下列公式计算：

$$\Delta L = \frac{m_1}{1 + 2m_1} H_1 \tag{4-2}$$

$$L = \Delta L + L_1 \tag{4-3}$$

$$a_0 = \frac{L}{m_2} - \sqrt{\left(\frac{L}{m_2}\right)^2 - H_1^2} \tag{4-4}$$

$$y = \sqrt{a_0^2 + \frac{H_1^2 - a_0^2}{L - m_2 a_0} x} \tag{4-5}$$

$$q = k\left[\frac{H_1^2 - a_0^2}{2(L - m_2 a_0)}\right] \tag{4-6}$$

式中　ΔL——假想的铅直断面 $A'—A'$ 至水库水面与上游坝坡交点之间的水平距离，m；

　　　L_1——水库水面与上游坝坡交点至下游坝趾之间的水平距离，m；

　　　H_1——上游水深，m；

m_1、m_2——上、下游坝坡系数；

　　　a_0——浸润线在下游坝坡上逸出点的高度，m；

　　　k——坝体土料渗透系数，m/s；壤土 $k = (1\sim10) \times 10^{-5}$ cm/s；

　x、y——浸润线任意点的坐标值；

　　　q——单位坝长的渗流量，$m^3/(s \cdot m)$。

浸润线和每米坝长的渗流量 q 计算步骤为：①按式（4-2）、式（4-3）和式（4-4）依次分别算出 ΔL、L、a_0 值；②给出不同的 x 值，按式（4-5）就可求出相应的 y 值，从而绘出从 a_0 到 H_1 之间的浸润线；③将上游坝肩下浸润线按流线趋势，用曲线平顺地连接起来，就得到该断面的完整浸润线；④根据筑坝土料的性质，选用渗透系数 k 值，按式（4-6）即可求得每米坝长的渗流量 q 值。

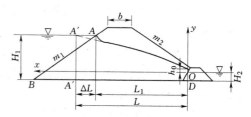

图 4-11　不透水地基上有棱体排水设备、下游有水的均质土坝渗流计算图

2. 不透水地基上设有棱体排水设备、下游有水情况的渗流计算

如图 4-11 所示，设坐标原点 O 位于排水棱体上游坡与下游水位交点处，以下游水位向上游的延伸线为 x 轴，通过 O 点的铅直线为 y 轴，则坝体浸润线方程式和单宽渗流量 q 可按下列公式计算：

$$L = \Delta L + L_1 \tag{4-7}$$

$$h_0 = \sqrt{L^2 + (H_1 - H_2)^2} - L \tag{4-8}$$

$$y = \sqrt{2h_0 x + h_0^2} \tag{4-9}$$

$$q = k\frac{H_1^2 - (h_0 + H_2)^2}{2L} \tag{4-10}$$

式中　L_1——水库水面与上游坝坡交点至排水体上游坡与下游水位交点之间的水平距离，m；

　　　h_0——下游水位与排水体上游坡交点处的浸润线高度，m；

　　　H_2——下游水深，m。

其余符号意义与无排水设备、下游无水情况相同。

下游无水时，可令上述公式中的 $H_2 = 0$，即可求出相应情况的浸润线方程式和每米坝长的渗流量。

3. 有限深度透水地基上的均质坝渗流计算

如图 4-12 所示，当坝体土料渗透系数与坝基相近时，可用简化法，将坝体的渗流量 q_1 和坝基的渗流量 q_2 分开计算，然后叠加，作为土坝每米坝长的渗流量 q，即 $q = q_1 + q_2$。

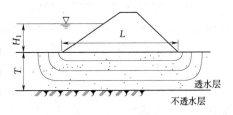

图 4-12 有限深度透水地基上均质土坝渗流计算图

该方法先假设地基不透水，按上述的方法确定坝体的浸润线位置和渗流量 q_1，然后假设坝体不透水，计算坝基的渗流量 q_2，其计算式如下：

$$q_2 = k_2 \frac{H_1 T}{nL} \tag{4-11}$$

式中　k_2——坝基透水层土的渗透系数，m/s；

H_1——上游水深，m，当下游有水、水深为 H_2 时，应采用上、下游水位差，即用 $(H_1 - H_2)$ 代替 H_1；

L——坝底宽度，m，若有棱体排水时，为排水设备以前的坝底宽度；

T——坝基透水层的深度，m；

n——修正系数，其值由表 4-3 查得。

表 4-3　　　　　　　　　　修正系数 n 值表

L/T	20	5	4	3	2	1
n	1.15	1.18	1.23	1.30	1.44	1.87

用这种近似方法计算的渗流量比实际值小，浸润线比实际的高。

4. 均质坝的总渗流量计算

上面所述方法，只是求得通过每米坝长坝体和坝基的渗流量。为计算全坝长总的渗流量 Q，应根据坝基处的地形、地质的变化情况，将土坝沿长度方向分成若干段，分别计算各段的渗流量，然后将各段渗流量叠加，即为全坝长总的渗流量 Q。即

$$Q = q_1 L_1 + q_2 L_2 + \cdots + q_n L_n = \sum_{i=1}^{n} q_i L_i \tag{4-12}$$

式中　q_i——各段每米坝长的渗流量，$m^3/(s \cdot m)$；

L_i——与各段 q_i 相对应的分段长度，m。

四、渗透变形及其防止措施

实际工程中发生的渗透变形主要是管涌和流土。在无粘性或粘性很小的土中，当渗流坡降超过一定程度后，土壤中的细小颗粒被渗流带走，土壤空隙增大，逐渐发展成为流水孔道，这种现象称为管涌。在粘性土及较均匀的非粘性土中，由于渗流动水压力作用，使一定范围的土体从坝坡或地基表面掀起的现象，称为流土。

管涌和流土多发生在没有排水设施和反滤层保护的下游坝坡，以及下游地基表面渗流逸出处，因为该处的渗流坡降往往较大。

（1）管涌和流土的判别。粘性土一般不会发生管涌，因此无需判别。对于无粘性土，常用的判定方法有两种：①以土体的不均匀系数 $\eta = d_{60}/d_{10}$ 判别（$\eta < 10$ 时为流土，$\eta > 20$ 时为管涌；$10 < \eta < 20$ 时不定）；②以级配曲线中的细粒含量 p_2（%）判别（$p_2 > 35\%$ 时为流土；$p_2 < 25\%$ 时为管涌；$25\% < p_2 < 35\%$ 时不定）。

（2）允许渗透坡降 $[J]$。对 $\eta > 20$ 的无粘性土，发生管涌的允许渗透坡降由试验或类比已建工程确定，也可采用 $[J] = 0.1$；对于粘性土和 $\eta < 10$ 时的无粘性土，其主要破坏形式为流土，允许渗透坡降为

$$[J] = (G_s - 1)(1 - n)/K_B \qquad (4-13)$$

式中　G_s——土粒比重，当不能直接测定时可采用 $G_s = 2.65$；

　　　　n——土的孔隙率；

　　　　K_B——流土安全系数，取 $1.5 \sim 2.0$。

（3）防止渗透变形的措施。产生管涌和流土的条件，一方面取决于水力坡降的大小，另一方面又决定于土的组成。因此，防止渗透变形的工程措施，一方面是降低渗流坡降从而减小渗流速度和渗流压力；另一方面是增强渗流逸出处土体抵抗渗透变形的能力。具体工程措施有：①在上游侧设置水平与垂直防渗体，延长渗径，降低渗流坡降或截阻渗流；②在下游侧设置排水沟或减压井，降低渗流出口处的渗流压力。对可能发生管涌的地段，需铺设反滤层，拦截可能被涌流携带的细粒；对下游可能产生流土的地段，应加盖重，盖重下的保护层也必须按反滤原则铺设。

第四节　土石坝的稳定计算

一、土坝失稳的破坏形式

土坝失稳的主要形式是在渗流动水压力和自重作用下，部分坝体或坝体连同一部分坝基一起滑动。常见滑裂面的形状有：圆弧滑动面、折线滑动面和复合滑动面。均质土坝多发生曲线面滑动，在稳定分析中可以圆弧代替；具有心墙、斜墙等防渗体的非粘性土坝坡多发生线面滑动；当坝基内有软弱夹层时，还可能发生曲、直面组合的复合滑动。土坝稳定计算的目的，是验算所拟定的剖面是否安全经济。

二、稳定计算情况

正常运用包括以下几种情况：

（1）水库蓄水为正常高水位或设计洪水位时下游坝坡的稳定计算。

（2）上游库水位最不利时上游坝坡的稳定计算。这种不利水位大致在坝底以上 1/3 坝高处。当坝剖面比较复杂时，应通过试算来确定。

（3）库水位正常降落，上游坝坡内产生渗透力时，上游坝坡的稳定计算。

非常运用包括以下几种情况：

（1）水库水位骤降时（一般当土壤渗透系数 $k \leqslant 10^{-3}$ m/s，水库水位下降速度 $v > 3$ m/d 时属于骤降），上游坝坡的稳定计算。

（2）施工期到竣工期，坝坡连同粘性土坝基一起滑动的稳定计算。

（3）校核水位时，下游坝坡的稳定计算。此外，还有正常情况（包括施工情况）加地

震作用时，上、下游坝坡的稳定计算。

三、圆弧法

圆弧法是目前广泛采用的一种方法，主要用于粘性土质坝，非粘性土质坝也可采用。

（一）基本原理

该方法是假定任意圆弧形滑动面，将圆弧滑动面以上的土体作为脱离体进行力的分析（见图 4-13），以圆心 O 作为力矩旋转中心，当圆弧范围内的土体上的各力对 O 产生的滑动力矩 M_s 大于滑动面上的抗滑力矩 M_r 时，坝坡即丧失稳定。M_r 与 M_s 的比值 K_c 称为坝坡的稳定安全系数，即

$$K_c = \frac{M_r}{M_s} \tag{4-14}$$

验算坝坡稳定时，需假定若干个不同的圆弧滑动面，求出相应的 K_c，其中最小的安全系数 K_{cmin} 即为该计算情况的安全系数，其值不得小于表 4-4 所列数值。

表 4-4   坝坡抗滑稳定最小安全系数

运　用　情　况		工　　程　　等　　级			
		Ⅰ	Ⅱ	Ⅲ	Ⅳ、Ⅴ
正　　常		1.30	1.25	1.20	1.15
非　常	Ⅰ	1.20	1.15	1.10	1.05
	Ⅱ	1.10	1.05	1.05	1.00

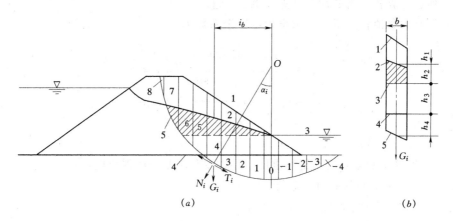

图 4-13　圆弧法计算稳定安全系数

1—坝坡面；2—浸润线；3—下游水面；4—地基面；5—滑裂面

（二）计算方法

图 4-13 所示为用任意半径 R 和圆心 O 所画的滑动圆弧。为了便于计算滑动土体上各力对圆心 O 的力矩，通常采用"条分法"。将滑动圆弧以上的土体分成若干竖向土条，分别计算各土条上力的作用结果，然后求其总和代入公式计算稳定安全系数。

在条分法中又有考虑条块间作用力与不考虑条块间作用力之分。前者比较合理，计算结果比较精确，但比较费时；后者计算简单，精度较差但偏于安全。当采用后者计算时可选用较低的稳定安全系数（表 4-4）。

根据考虑孔隙压力影响的方法不同，分为有效应力法与总应力法。孔隙压力系指填土孔隙中流体的压力。如坝体填土饱和，孔隙压力即孔隙中的水压力。如填土未饱和，土体受压而孔隙中的水和空气来不及排出时，亦产生孔隙压力。坝体的总应力等于土料骨架承受的有效应力与孔隙压力之和。按库仑定律，滑动土体的抗剪强度 τ 与滑动面上的法向应力 σ 成直线关系，即 $\tau = c + \sigma \tan\varphi$，如法向应力以总应力计，称为总应力法；如以有效应力计，则称有效应力法。由于孔隙压力不能产生摩擦力，显然采用有效应力法比较合理，在有条件的情况下应予以推广使用。但影响孔隙压力的因素很多，很难准确计算。如不能准确计算孔隙压力，将影响计算精度，在这种情况下，可采用总应力法。总应力法，不需计算孔隙压力，只需在选用抗剪强度指标 c、φ 值的试验方法时，应能反映孔隙压力的影响。

本节仅介绍不计条块间作用力的圆弧法（用总应力法计算）。

（三）计算步骤

现以稳定渗流期的下游坝坡为例，说明稳定计算的步骤（参照图 4-13）：

（1）根据渗流计算成果，在土坝最大横剖面图上绘出浸润线。

（2）任选一点 O 为圆心，R 为半径，画出滑动圆弧。

（3）将滑动面以上土体分成若干等宽土条并编号。为计算简便，土条宽度取 $b = 0.1R$，各块土条编号的顺序为：0 号土条中心线与圆心垂线重合，向上游（对下游坝坡而言）各土条的顺序为 1，2，3，…，n，向下游的顺序为 -1，-2，…，m。

（4）列表计算各土条的荷载，见［例 4-1］。

（5）将有关数值代入下式，求出稳定安全系数 K_c：

$$K_c = \frac{\sum w_i \cos\alpha_i \operatorname{tg}\phi_i + \dfrac{1}{b}\sum c_i l_i}{\sum w'_i \sin\alpha_i} \tag{4-15}$$

其中
$$w_i = \gamma_1 h_1 + \gamma_3 (h_2 + h_3) + \gamma_4 h_4$$
$$w'_i = \gamma_1 h_1 + \gamma_2 h_2 + \gamma_3 h_3 + \gamma_4 h_4$$

式中 i——土条编号；

$\gamma_1 \sim \gamma_4$——坝体土的湿重度、饱和重度、浮重度和坝基土的浮重度，kN/m^3；

ϕ_i——i 号土条底部的内摩擦角，（°）；

c_i——i 号土条底部的粘结力，kPa；

l_i——i 号土条底部圆弧的长度，m；

$h_1 \sim h_4$ 及 b、i、α_i 的意义如图 4-13 所示。

应用上述公式时应注意以下几点：①如果两端土条的宽度 b' 不等于 b，可将其高度 h' 换算成宽度为 b 的高度 $h = b'h'/b$；②若取 $b = 0.1R$，则 $\sin\alpha_i = ib/R = 0.1i$，$\cos\alpha_i = \sqrt{1 - (0.1i)^2}$，对每个滑弧都是固定的，不必每次计算；③当滑动面上的 c、ϕ 为常量时，可提到 $\sum$ 符号前面。

（6）求最小稳定安全系数。因上述滑动圆弧是任意假定的，求出的 K_c 值不一定是最小值。最危险滑弧圆心的位置范围，可按下述方法确定（图 4-14）。

首先由下游坝坡中点 a 引出两条直线，一条是铅直线，另一条与坝坡线成 85°角，再

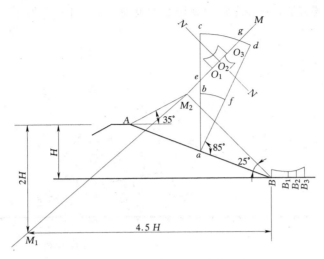

图 4-14 求最小稳定安全系数示意图

以 a 为圆心，以 $R_内$、$R_外$ 为半径（$R_内$、$R_外$ 由表 4-5 查得）作两个圆弧，得到扇形 $bcdf$，然后按图示作直线 M_1M_2 并延长使其与扇形相交，交点为 eg。最危险的滑弧圆心就在扇形面积中的 eg 线附近。

表 4-5

坝 坡	1：1	1：2	1：3	1：4	1：5	1：6
$R_内/H$	0.75	0.75	1.0	1.5	2.2	3.0
$R_外/H$	1.5	1.75	2.3	3.7	4.8	5.5

计算最小稳定安全系数的步骤为：

1）首先在 eg 线上假定几个圆心 O_1、O_2、O_3 等，从每个圆心作滑弧通过坝脚点，按公式分别计算其 K_c 值。按比例将 K_c 值画在相应的圆心上，绘制 K_c 值的变化曲线，可找到该曲线上的最小 K_c 值，例如 O_2 点。

2）再通过 eg 线上 K_c 最小的点 O_2，作 eg 的垂线 $N-N$。在 $N-N$ 线上取数点为圆心，画弧仍通过 B 点，求出 $N-N$ 线上最小的 K_c 值。一般认为该 K_c 值即为通过 B 点的最小安全系数，并按比例画在 B 点。

3）根据坝基土质情况，在坝坡上或坝脚外，再选数点 B_1、B_2、B_3 等，仿照上述方法，求出相应的最小安全系数 K_{c1}、K_{c2}、K_{c3} 等，并标注在相应点上，与 B 点的 K_c 连成曲线找到 K_{cmin}。一般至少要计算 15 个滑弧才能得到答案。

【例 4-1】 某小型均质坝如图 4-15 所示，为 5 级建筑物，坝高 11m，坝顶宽 3m，上、下游坝坡分别为 1：2.25、1：2.00。筑坝土料为壤土，土料设计指标为：$\phi = 25°$，$c = 25$kPa，湿重度 18.5kN/m³，浮重度 9.5kN/m³，饱和重度 19.5kN/m³，坝基亦为壤土，其设计指标与坝体基本相同。试求上游正常高水位（水深 $H_1 = 9.0$m），下游无水（假设下游水位与地基平）时，下游坝坡的稳定安全系数。

解：1）按一定比例绘出坝体横剖面图，将计算的浸润线绘于图上。

2）按本节所述方法，确定危险滑弧圆心的范围，如图 4-15 所示。

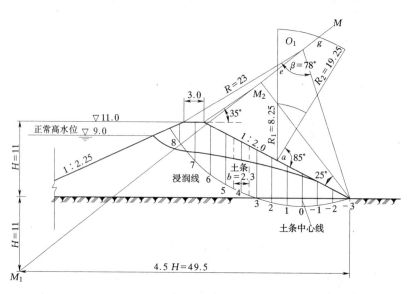

图 4-15 均质坝稳定计算图（单位：m）

3）在 eg 线上任选一点 O_1 为圆心，以半径 $R=23$m 作滑弧通过下游坝脚。将滑动土体分为 $b=0.1$、$R=2.3$m 的等宽土条。以通过圆心 O_1 的铅垂线作为 0 号土条的中心线，向左编号依次为 1，2，⋯，8；向右编号为 -1，-2，-3，图中只画出各土条的中心线作为计算土条高度的依据。

4）列表计算各土条的荷载（见表 4-6）。

表 4-6 　　　　　　　　　　 土 坝 稳 定 计 算 表

$\gamma_1=18.5$，$\gamma_2=19.5$，$\gamma_3=\gamma_4=9.5$（kN/m³）

土条编号	h_1 (1)	h_2 (2)	h_3 (3)	h_4 (4)	$\gamma_1 h_1$ (5)	$\gamma_2 h_2$ (6)	$\gamma_3 h_2$ (7)	$\gamma_3 h_3$ (8)	$\gamma_4 h_4$ (9)	w_i (10)	w_i' (11)	$\sin\alpha_i$ (12)	$\cos\alpha_i$ (13)	$w_i\cos\alpha_i$ (14)	$w_i'\sin\alpha_i$ (15)
8	2.4				44.4					44.4	44.4	0.8	0.60	26.6	35.5
7	3.7	1.9			68.5	37.1	18.1			86.6	105.6	0.7	0.71	61.5	73.9
6	3.8	3.5			70.3	68.3	33.3			103.6	138.6	0.6	0.80	82.9	83.2
5	3.3	4.6			61.1	89.7	43.7			104.8	150.8	0.5	0.87	91.2	75.4
4	2.4	5.3			44.4	103.4	50.4			94.8	147.8	0.4	0.92	87.2	59.1
3	1.9	5.6			35.2	109.2	53.2			88.4	144.4	0.3	0.95	84.0	43.3
2	1.1	5.0		0.7	20.4	97.5	47.5		6.7	74.6	124.6	0.2	0.98	73.1	24.9
1	0.5	4.6		1.1	9.3	89.7	43.7		10.5	63.5	109.5	0.1	0.99	62.9	11.0
0		4.0		1.3		78.0	38.0		12.4	50.4	90.4	0	1.0	50.4	0
−1		3.0		1.2		58.5	28.5		11.4	39.9	69.9	−0.1	0.99	39.5	−7.0
−2		1.8		1.0		35.1	17.1		9.5	26.6	44.6	−0.2	0.98	26.1	−8.9
−3		0.7		0.5		13.7	6.7		4.8	11.5	18.5	−0.3	0.95	10.9	−5.6
合计														696.3	384.8

5）利用公式计算稳定安全系数。式中 $\tan\phi=\mathrm{tg}25°=0.47$，弧长 $\sum l_i=\pi R\beta/180°=3.14\times23\times78°/180°=31.30$m。

$$K_c = \frac{696.3 \times 0.47 + \frac{1}{2.3} \times 25 \times 31.30}{384.8} = 1.73 > 1.15$$

6）按本节所述方法，重复上述计算，即可求得最小稳定安全系数。本例从略。

第五节　土石坝的筑坝材料

一、土石料选择的一般原则

选择筑坝土石料应遵循以下原则：①填筑坝体的土石料应具有与其使用目的相适应的物理力学性质，并且有较好的长期稳定性；②在不影响工程安全的前提下，优先使用坝址附近的材料和枢纽建筑物的开挖料，少占或不占农田；③便于开采、运输。

二、对筑坝材料的要求

（一）对土料的要求

除了含有大量有机质和水溶盐的土料、干硬性粘土、分散性土及软粘土外，一般的土料都可用来筑坝。但不同坝型及坝身不同部位对土料有不同的要求。

（1）有机质及水溶盐含量。水溶盐及有机质含量均不应超过5%，以避免有机质分解及水溶盐溶滤后降低土的强度，造成集中渗漏和沉降。

（2）可塑性。防渗体宜选用塑性指数 $I_p = 7 \sim 20$ 的土料填筑，以便经过碾压后能结成整体，能适应一定的坝体和坝基沉降变形而不发生裂缝。

（3）不透水性。对于土料不透水性的要求，应根据工程实际所允许的渗漏量而定。一般用作斜墙、心墙和铺盖的土料，渗透系数应不大于 1×10^{-5} cm/s，对于均质坝，应不大于 1×10^{-4} cm/s。防渗体可用粘性土、砾石土（含岩石风化料）填筑。

（4）颗粒组成。土料颗粒组成是决定土的物理力学性质最重要的因素之一。土的级配好，则压实性能好，可以得到较大的干密度，较高的抗剪强度以及较小的渗透系数。

用于防渗体的砾石土（含岩石风化料），粒径大于5mm的含量不宜大于50%，粒径小于0.074mm的含量不宜小于15%，最大粒径不宜超过15cm或铺土厚度的2/3，且不得发生粗粒集中架空现象。

含砾量占20%～50%的砾石土承载力大、压缩性小，有足够的抗渗性及渗透稳定性，是良好的防渗材料。我国西北、华北地区的黄土类壤土也适于填筑土坝主体，但应有适当的填筑含水量和压实密度，以免浸水后湿陷软化。我国南方一些土坝使用坡残积红土或红土状土，含水量高、干密度低、但抗剪强度较高、渗透性较小，压缩性较低，可用于填筑防渗体。

（二）对石料的要求

上游护坡及排水设施宜选用抗压强度较高和耐风化的石料。块石最大边长与最小边长之比不宜大于2.0，石料的块径和重量应能满足抗风浪的要求。坝壳宜使用中粗砂、砂砾石、石渣或堆石填筑，应满足坝体稳定和排水要求。

坝的反滤层，垫层和过渡层宜使用中粗砂，天然砂砾料或筛选料，也可使用岩石轧制料，颗粒级配应满足反滤排水要求，并具有长期稳定性，含泥量（$d < 0.072$mm）应

小于 5%。

三、填筑标准

土石料的填筑标准是指土料的压实程度及其适宜含水量。一般情况下,土石料压的越密实,即干密度越大,其抗剪强度、抗渗性、抗压缩性也越好,可使坝坡较陡、剖面缩小。但过大的密实度,需要增加碾压费用,往往不一定经济,工期还可能延长。因此,应综合分析各种条件,并通过试验,合理地确定土料的填筑标准,达到既安全又经济的目的。

(1)粘性土的填筑标准。粘性土的控制指标是干密度和含水量。压实干密度应按标准击实仪试验的最大干密度乘以压实度确定。压实度可取 0.95~0.97。填土的含水量应按最优含水量控制,允许偏差为±3%。如无试验资料,可根据土料的性质,参考当地类似已建工程的经验确定。我国小型土坝粘性土料的设计干密度一般采用 1.55~1.60g/cm³,最优含水量为 17%~23%。

(2)无粘性土的填筑标准。无粘性土的控制指标是相对密度 D_r,要求 $D_r \geqslant 0.7$。当缺乏试验资料时,也可用干密度 ρ_d 控制,要求砂料 $\rho_d = 1.60~1.70g/cm^3$;当砂砾料的含砾量为 40%~70%,可根据不同砾石含量查表 4-7 选用。

表 4-7   不同砾石含量砂砾料设计干密度

砾石含量(%)	40	45	50	55	60	70
设计干密度(g/cm³)	2.03~2.05	2.05~2.07	2.08~2.10	2.11~2.13	2.13~2.15	2.15~2.17

第六节 土石坝的地基处理

土石坝地基处理的目的是:①控制渗流,要求坝基不产生渗透变形,减小渗漏损失和对下游的浸没;②保证稳定,使坝基具有足够的强度,保证坝体和坝基的稳定;③控制变形,将沉陷量控制在容许范围之内,防止不均匀沉陷,保证坝体不发生裂缝,正常运用。

一、砂砾石地基处理

砂砾石地基的处理主要是控制渗流。渗流控制的措施有:①垂直防渗,一般采用粘土截水槽。当坝基砂砾石覆盖层较厚,开挖截水槽困难时可采用高压喷射灌浆或混凝土防渗墙;②上游水平防渗铺盖;③下游反滤排水沟、堆石棱体排水等,必要时应设置减压井及下游透水盖重。

(一)粘土截水槽

粘土截水槽是控制砂砾石地基最普通且简单可靠的措施。

截水槽是坝体防渗体向透水地基中的延伸部分,直至与不透水层相接(图 4-16)。均质土坝的防渗体是坝体本身,其截水槽的位置可稍偏向上游,一般可布置在距坝轴线至距上游坝脚 1/3 坝底宽范围内(图 4-17)。

截水槽的底宽应根据回填土料的允许渗透坡降确定。允许渗透坡降:轻壤土为 2~4,壤土为 3~5,粘土为 5~7。最小底宽应不小于 3m。截水槽的边坡根据开挖砂砾石的施工

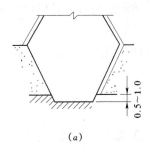
(a)

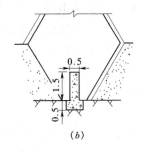
(b)

图 4-16　截水槽底部构造（单位：m）

稳定坡度及开挖深度而定，可取 $1:1.5 \sim 1:2.0$。截水槽的下游侧需设反滤层。

截水槽底部与不透水层的接触面是防渗薄弱环节，截水槽底部应嵌入相对不透水层或弱风化岩（包括河床及河岸）至少 0.5m。若基岩表面裂隙发育，可用水泥砂浆进行填堵，也可铺设一层混凝土、喷水泥砂浆或喷混凝土，将裂隙和坝体填土隔开。必要时可对基岩进行灌浆处理。

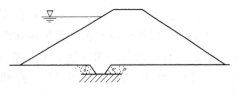

图 4-17　均质坝截水槽

截水槽一般适用于深度小于 15m 的砂砾石覆盖层。

（二）防渗铺盖

当砂砾石覆盖层较厚时，可采用水平铺盖防渗，这种措施多用于斜墙坝和均质坝（图 4-18）。铺盖不能截断渗流，但可延长渗径，降低渗透坡降，减少渗流量。

铺盖设计应确定铺盖的合理长度、厚度和渗透系数，使坝基的渗透坡降和渗流量控制在容许范围内。

铺盖的长度不宜小于 5 倍水头。铺盖上游端的厚度宜采用 $0.5 \sim 1.0m$，其末端与防渗体连接处的厚度应满足坝基渗流和铺盖允许坡降的要求（允许坡降：粘土为 $5 \sim 7$，壤

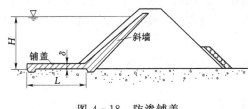

图 4-18　防渗铺盖

土为 $3 \sim 5$），但不宜小于 2.5m。铺盖应采用渗透系数不大于 $10^{-5}\,cm/s$ 的粘性土填筑。

铺盖范围内地基面上的淤泥和腐殖土等应全部清除干净，地基面应进行压实和平整，且不得有砾石集中。铺盖完成后应在表面铺松土或渣料保护。在有可能受到波浪冲刷的部位，铺盖上应铺置石（渣）料保护。

当采用土工膜作为铺盖防渗时，应做好土工膜的铺设、粘接和防护，避免遭受破坏。

（三）排水减压措施

当采用铺盖防渗时，由于其控制渗流不彻底，在坝下游可能存在较大的渗透压力。为防止渗透变形及沼泽化现象的发生，在坝下游应设置水平排水褥垫、堆石棱体、反滤排水沟等排水设施，必要时应设置减压井及下游透水盖重。透水盖重层与地基之间应满足反滤要求的原则。

所有排水体的底部都应设置在透水地基上。如坝基表层为厚度不大的弱透水层，应将弱透水层挖穿；如果弱透水层很厚，可采用伸入透水层的减压井将渗水引至下游坝脚排水沟，减压井伸入透水层内的深度应不小于透水层厚度的1/2。

排水沟应有足够的排水断面，并做好反滤设计。另外，还应设置横向（垂直坝轴线方向）排水沟，将渗水引至下游。

二、其它地基处理

（一）细砂地基处理

均匀饱和的松散细砂，受振动时极易液化。在地震区筑坝，遇有可能液化的地基时，宜挖除并换填符合要求的土料。如挖除有困难或不经济时，可采取以下措施。

（1）封闭。在上、下游坝脚用截水墙、板桩或沉箱等，截断可能液化土的流动去路，以保证坝基稳定。

（2）人工加密。提高砂层的相对密度，可以增加其抗振能力。人工加密的方法有：表层夯实法、表层振动压密法、深层爆炸法、砂桩挤密法、振冲加固法及强夯法等。表层振动压密法，只对表面薄细砂层有效，如用拖拉机或振动碾碾压，压实深度可达 $1\sim2m$；爆炸法是在砂层中钻孔，孔底设炸药爆炸，在爆炸振动的作用下，水从砂粒孔隙中渗出，砂层沉陷加固，爆炸加密深度可达 $10m$ 以上；振冲加固法是一种加固地基的新方法，它用一个下端有喷水口的长型振捣棒，边振动喷水冲开土层靠自重下沉，振动使周围砂层液化，颗粒重新排列密实，加固深度可达 $20m$。

（二）软粘土地基处理

软粘土系指淤泥、淤泥质土、泥炭以及其它高压缩性饱和粘土等，它们的共同特点是天然含水量大、承载力小、压缩性大、抗剪强底低，影响坝的稳定。处理的方法有：

（1）挖除。对于分布范围不大，埋藏较浅的淤泥或软粘土层，可将其全部挖除。

（2）预压加固。筑坝以前，在地基表面置放土石或重物，使地基在筑坝前大部分沉陷完成，以减少筑坝时的沉陷量。

（3）镇压平台法。在上、下游坝脚加大断面，借以增加坝基的稳定性，它与放缓坝坡所起的作用类似。

（4）设砂井。在坝基中钻孔或打入桩尖有活瓣的空心钢管桩，然后在管中填入砂砾，最后拔出钢管，在地基中形成砂桩，或称砂井。砂井使软土中的孔隙水排除，固结加快，承载力增加。

（三）湿陷性黄土地基处理

黄土在一定压力作用下受水浸湿后，发生附加沉降的，称为湿陷性黄土。区别湿陷性黄土与非湿陷性黄土的方法是根据黄土在 $300kPa$ 荷重作用下的湿陷变形系数 δ_S 是否大于 0.01。$\delta_S > 0.01$ 者，为湿陷性黄土。对于湿陷性黄土地基常用以下方法处理。

（1）挖除。对于厚度不大的湿陷性黄土地基，可采用挖除、翻压或表面夯实的方法消除其湿陷性。

（2）预浸水法。当坝基湿陷性黄土较厚时，宜采用预浸水法处理。当湿陷性黄土层的厚度超过 $15m$ 时，可采用钻孔或竖井深层预浸水法加速浸水过程。预浸水处理的范围应大于坝基范围，宜以坝基上下游方向各超出一倍浸水深度为预浸边界。坝基浸水处理应与坝体填筑相结合，以增加压重，加速湿陷。

（3）强夯法。坝基为湿陷性黄土时也可用强夯法处理，夯实遍数及影响深度由试验确定。

（4）振冲法。对湿陷性黄土采用振冲法进行处理时，孔距、孔径、孔深应参考已成工程经验或试验确定。

第七节　混凝土面板堆石坝

一、概述

混凝土面板堆石坝由作为支承体的堆石、作为防渗体的钢筋混凝土（或沥青混凝土）面板和它们之间的反滤层（或过渡层）组成［图 4-3（a）］。其优点是：①剖面小，工程量小，其造价有时比土坝还低，尤其是石质山区，石多土少，则更为经济；②施工受气候条件影响较小，可缩短工期；③施工期间，在一定条件下坝身可以过水，从而在一定程度上缓解了土坝施工导流的困难；④堆石不会产生管涌，渗透稳定性好；⑤混凝土面板设在上游坝面上，便于检查维修；⑥具有良好的抗冻性；⑦抗震性能比土坝好。但是，面板坝对堆石体与基础的沉降变形十分敏感，因此要求对垫层和主堆石进行很好的压实，并使坝体尽量修建在良好的岩基上。

坝体堆石的施工，过去多在岸坡或栈桥上由高处向下抛掷石料，辅以压力水枪冲实或拖拉机碾压，因此堆石压实密度较低，沉降变形较大，易导致混凝土面板开裂和漏水。近二三十年来，施工技术有了较大发展，施工方法多采用薄层填筑，并用振动碾压实，辅以坝面洒水措施，使细料更易挤入孔隙。用这种方法填筑的堆石体密实度增加，稳定性提高，沉降减小，从而使混凝土面板堆石坝获得很大发展。这种坝型在小型土石坝工程中也有发展前途。

二、坝顶和坝坡

混凝土面板堆石坝为梯形剖面，其坝顶宽度和坝顶高程的确定与土坝类似。

对于岩基上的面板堆石坝，可以不进行坝坡稳定计算，坝坡一般根据经验确定。坝坡大小与石料性质、坝高、施工方法和地质条件等有关。混凝土及钢筋混凝土面板堆石坝，上、下游坝坡一般为 1:1.3～1:1.4，有的面板后面有干砌石层（或下游坝坡采用干砌石护面），坡度可陡至 1:1，甚至 1:0.5～1:0.7。沥青混凝土面板堆石坝，上游坝坡一般为 1:1.6～1:2.0，常采用 1:1.7，下游坝坡与前者相近。如果石料质量或地基条件较差，则坝坡需要适当放缓。

面板堆石坝的下游面常设置马道。上游面为了面板施工方便，通常都不设马道。

三、堆石体

堆石体是支承堆石坝并使之稳定的一个主要部分。由于面板坝对沉降变形反应敏感，当坝体采用抛填式堆石施工时，要求尽可能采用新鲜、完整、坚硬和耐久的大石料，并要求石块的最大边长与最小边长之比不大于 3～5，细料不超过 5%。当坝体采用薄层碾压填筑堆石时，每层填筑的厚度约 0.6～0.9m 并用 6～14t 的振动碾碾压，如能正确、合理地选择颗粒级配和材料分区，则几乎所有料场和施工开挖中的石料都可用来堆筑坝体。

压实后的堆石应具有较低的压缩性、较高的抗剪强度和自由排水能力，含泥量（粒径 $d < 0.1\text{mm}$）不得大于 5%。堆石料的压实标准宜以孔隙率 n 控制，要求 $n = 20\% \sim 30\%$。

四、防渗面板

（一）钢筋混凝土面板

图 4-19 为钢筋混凝土面板坝的实例。钢筋混凝土面板的设计内容主要包括面板厚度、配筋、分缝和止水、垫层和趾板等。

（1）面板的厚度。面板厚度应满足防渗性、耐久性和抗冻性要求。混凝土应采用二级配，其标号不宜低于 C25，宜采用普通硅酸盐水泥。低坝可采用 30cm 的等厚面板。

（2）面板的配筋。面板配筋的作用主要是承受蓄水前温度变化和干缩产生的拉应力，并有防止裂缝开展的作用。一般在面板截面的中部双向配置钢筋，配筋率约为 0.5%。在周边缝、水平缝和垂直缝附近，都应增设少量的加强钢筋，以防止可能出现的拉应力和面板的边角剥落。

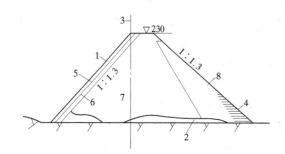

图 4-19　澳大利亚塞萨纳堆石坝
1—面板；2—河床砾石层；3—坝轴线；4—保
护网及钢筋；5—垫层；6—过渡区；
7—主堆石区；8—下游堆石区

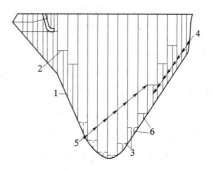

图 4-20　堆石坝混凝土面板分缝图
1—周边缝；2—水平伸缩缝；3—水平施工
缝；4—竖向伸缩缝（受拉）；5—竖向
伸缩缝（受压）；6—竖向施工缝

（3）面板的分缝和止水。为了适应堆石坝的变形，也考虑温度变化及施工设备等因素，面板必须分缝，一般有竖向缝、水平缝和周边缝（图 4-20）。竖向缝又称伸缩缝，从坝顶沿坝面一直延伸到坝脚，方向与坝轴线垂直。由于蓄水期堆石的侧向位移指向河谷中心，面板中部为受压区，缝间距可大些，约为 $12 \sim 15\text{m}$；靠近两岸附近为受拉区，缝间距约为 6m。所有竖向缝都不使用填充料，缝面只涂刷薄层沥青乳剂，以便最大限度地减少面板侧向位移。水平缝可用坚硬木板作填充材料，填充深度为面板厚度的一半。为了简化面板的分缝系统，也可不设置水平缝。周边缝就是面板与趾板之间的接缝。至于临时的施工水平缝则用钢筋贯穿，以使面板紧密联结。

在面板接缝处都应设置止水设备。常用的止水材料有止水铜片、橡皮止水和塑料止水等几种。止水可设一道或两道。靠近岸边部位的周边缝和竖向缝，属于张拉缝，是容易拉开的薄弱点，至少应设两道止水。其它竖向缝、水平缝的止水构造则比较简单，但都必须保证止水片焊接牢固，并保证混凝土的浇筑质量（图 4-21）。

（4）面板的垫层。抛填式的堆石坝，多在堆石体上游设一层干砌石作为面板垫层。碾压式的钢筋混凝土面板堆石坝，堆石体的上游用碾压的级配料作为面板垫层，它除了作为

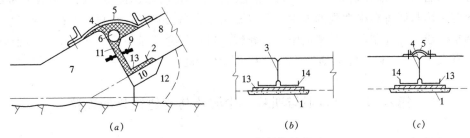

图 4-21　混凝土面板的接缝构造

（a）周边缝；（b）受压竖向缝；（c）受拉竖向缝

1—水泥砂浆垫；2—铜止水片；3—涂乳化沥青；4—塑性填料；5—塑料板保护；6—尼龙管；
7—趾板；8—面板；9—塑料止水；10—沥青砂；11—沥青木板；12—特殊填筑区；
13—塑料垫板；14—W形止水片

面板的基座外，还有半透水的反滤作用。其颗粒级配应符合反滤层的规定，垫层的厚度为 3～5m 左右，按堆石体的粒径大小可用一层或两层，垫层在碾压后的渗透系数一般为 $10^{-2} \sim 10^{-4}$ cm/s。

（5）连接的垫板。这是接缝设计的一个重要项目，设置的目的是给止水片和模板接头提供一个平整的基底面。作法是将砂浆直接铺设在用沥青处理过的堆石表面上，垫板与止水片之间再涂上薄层沥青。垫板的厚度可以从零到需要达到的平整面的厚度，允许垫板突入面板设计厚度的深度不超过 50mm。

（6）趾板。趾板是面板与河床和两岸基岩连接的混凝土板结构。面板与趾板之间有周边止水缝，并通过锚筋、固结灌浆将趾板与稳定基岩连接成整体，以形成止水封闭系统。

（二）沥青混凝土面板

沥青混凝土具有较好的塑性、柔性、防渗透性，不易产生裂缝，即使产生裂缝也有自行愈合的性能，而且工程量小、工期短、节省劳力、造价低，所以适用于做土石坝的防渗材料。

沥青混凝土面板有复式结构和简式结构两种型式（图 4-22），低坝常采用简式面板，简式结构面板多由 3 层以上的沥青混凝土材料组成，每层厚度常大于 5cm。面板下设整平层和碎石垫层，以防止面板产生裂缝，并便于沥青混凝土的施工。面板表面设保护层（常

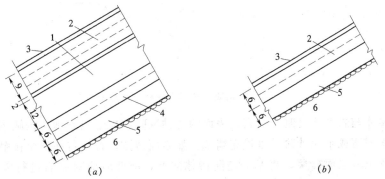

图 4-22　沥青混凝土面板断面构造（单位：cm）

（a）有中间排水层的复式结构；（b）无中间排水层的简式结构

1—排水层；2—防渗层；3—沥青砂胶涂层；4—防渗底层；5—胶结填平层；6—碎石垫层

用沥青玛蹄脂），以增强耐久性。沥青混凝土面板应满足防渗、抗裂、稳定和耐久的要求。粗骨料宜采用与沥青粘附性强的碱性岩石（石灰岩、白云岩等）轧制的碎石。细骨料可采用天然粗砂或人工轧制砂。骨料应坚硬、新鲜。粗骨料含泥量不宜大于 0.5%，细骨料含泥量不宜大于 2%，以防降低沥青的粘附力和抗渗性能。

第八节　土石坝与坝基、岸坡及其它建筑物的连接

土石坝与坝基、岸坡及其它建筑物的接触面都是防渗的薄弱部位，必须妥善处理，使其结合紧密，避免产生集中渗流，造成接触冲刷；结合面的形状和坡度应适宜，防止坝体因不均匀沉陷而产生裂缝；应保证坝体与河床及岸坡结合面的质量，不致形成影响坝体稳定的软弱层面。

一、土石坝与坝基的连接

（一）清基

不论是土基或岩基，在筑坝之前，都必须进行清基，将坝体与基础接触范围内的表层腐殖土、稀泥、草皮、树根、乱石、松动岩块等清除掉，对水井、洞穴、试坑、钻孔等进行处理。对于其它不符合设计要求的土层，必须进行有效的处理。松散土层必须压实。岩基上的突出岩石亦应清除，以便于碾压和防止不均匀沉陷。对于易风化的岩石，如清基后不能立即回填，应预留 10～15cm 的保护层，待大坝即将回填时挖除。如地基有遭受冻害的可能时，保护层厚按冻层深确定。非岩石地基上的堆石坝体，地表层应设置反滤层以防止地基土流失到坝壳中。

（二）连接措施

对于均质坝，如坝基与坝体土壤相近，可在清基后直接填土；土质不同时，要在接合面作接合槽［图 4-23（a）］，槽深至少 0.5m，槽宽要 2～3m，应使接触面的总渗径增长为坝底宽的 1.05～1.1 倍；当坝基为岩基时，仍可采用开挖接合槽的方法连接，也可设置一至多道混凝土齿墙［图 4-23（b）］。槽与齿墙均应布置在坝轴线处或上游部分的坝基中。

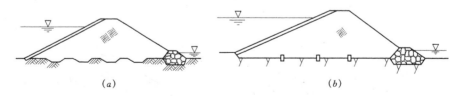

(a)　　　　　　　　　　　　　(b)

图 4-23　均质土坝与坝基结合示意图

土质防渗体与岩基连接时，对岩石表面的各种缺陷都应适当处理。按缺陷的大小采用贫混凝土、水泥浆或水泥砂浆予以填充堵塞。如岩面裂隙发育，可在整个接触面上设置混凝土、喷混凝土或水泥砂浆，将基岩与防渗体隔开，必要时应对基岩进行灌浆。在填土前，必须在岩石或混凝土表面涂刷粘土浆、水泥砂浆或沥青以利结合。地基覆盖层或岩石裂隙充填物与透水坝壳之间应符合反滤要求，否则需设置反滤层。国内许多工程实践证明，在防渗体与岩石之间的接合面上浇筑混凝土底板对于保证填土质量、便于施工碾压、

防止接触冲刷，特别是便于帷幕灌浆等，都是必要的有效措施。如防渗体与岩面的接触渗径不足时，还可设置混凝土齿墙插入防渗体内以增加渗径，其高度按渗径要求确定，但不宜太高。为使土料填筑密实并与齿墙结合紧密，齿墙的边坡应不陡于1：0.1，齿墙顶部应填以高塑性土以减小不均匀沉陷带来的危害。

二、土石坝与岸坡的连接

岸坡也是坝基的一部分，故岸坡也应与上述要求一样进行清基和处理。由于岸坡是倾斜的，处理时尚应注意以下几点。

（一）岸坡形状与坡度

为使坝体与岸坡紧密结合，防止不均匀沉陷引起坝体裂缝，与坝体连接的岸坡不应成阶梯状或反坡、凸起。岸坡上缓下陡时，其变坡角应小于20°。开挖后的岸坡不能太陡，对于岩石岸坡，不应陡于1：0.5；对于土质岸坡不应陡于1：1.5；对于坝壳砂砾石等压缩小的透水料与岸坡连接时，原则上应保持岸坡自身的稳定。

当岸坡有倒坡，而开挖成要求的坡度工程量太大或有困难时，可用混凝土或浆砌石补成正坡。

（二）防渗体与岸坡的连接

防渗体常因坝体沿坝轴线方向的不均匀沉陷而使其与岸坡接触不紧密，容易产生集中渗流。为使结合可靠，除在与岸坡连接处适当提高填土的塑性外，常随岸坡的上升，逐渐放缓心墙上、下游坡比，以增加心墙与岸坡的接触面积。对于斜墙坝，有时在靠近岸边处将斜墙变为心墙与岸坡连接，以提高连接的可靠性。

三、土石坝与其它建筑物的连接

土石坝与坝肩溢洪道、输水涵管等建筑物的连接之处，不仅容易产生集中渗流，而且由于建筑物的荷载与结构的不同，还容易产生不均匀沉陷。塑性防渗体与刚性建筑物之间的结合，除认真夯实填土保证结合紧密外，还必须使结合面的渗径有足够的长度和一定适应变形的能力。

土石坝与坝下涵管的连接见第七章。

土石坝与溢洪道连接的边墙，可设置翼墙、刺墙〔图4-24（a）、（b）〕，以延长渗径并保护坝坡不受水流冲刷。连接处应能适应土坝本身的沉降，应有紧密的连接面，翼墙、边墩等与防渗体的结合面应是斜面，坡度不陡于1：0.25。

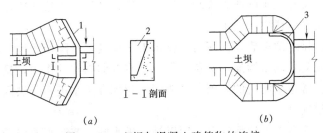

图4-24 土坝与混凝土建筑物的连接
1—斜降式翼墙；2—刺墙；3—反翼墙

第五章　水　　　闸

第一节　水闸的类型与工作特点

一、水闸的类型

水闸是一种控制水位和调节流量的低水头水工建筑物，具有挡水和泄水的双重作用。

（一）按担负任务分类

水闸按其所担负的任务分为以下几种（如图5-1所示）：

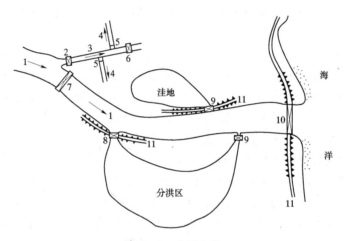

图5-1　水闸分类

1—河道；2—进水闸；3—干渠；4—支渠；5—分水闸；6—节制闸；
7—拦河闸；8—分洪闸；9—排水闸；10—挡潮闸；11—堤防

（1）节制闸。一般拦河建造，枯水期借以抬高水位以利取水和上游航运，洪水期用以控制下泄流量。灌溉渠系中的节制闸一般建于干、支渠分水口附近的下游干渠上。

（2）进水闸。又称取水闸或渠首闸，建在河道、湖泊的岸边或渠道的渠首，用来控制引水流量，以满足发电或供水需求。

（3）排水闸。排水闸多建在江河沿岸排水渠出口处，排除低洼地区的渍涝水。当外河上涨时，可以关闸防止洪水倒灌，避免洪灾，具有双向挡水的作用，且闸底板高程较低。

（4）分洪闸。常建于河道的一侧，分泄河道超标准洪水进入分洪区（滞洪区）或分洪道，保证下游河道安全。

（5）冲沙闸。建在多泥沙河流上，用以排除进水闸、节制闸或渠系中沉积的泥沙。一般与节制闸并排布置。

（6）挡潮闸。建在入海河口附近，涨潮时关闸，防止海水倒灌；退潮时开闸放水，受双向水头作用且操作频繁。

（二）按闸室的结构型式分类

（1）开敞式水闸。这种水闸的闸室是露天的，可分为胸墙式（图5-3）和无胸墙式。胸墙式可以降低闸门高度，减小启门力。当上游水位变幅较大而过闸流量不大时，即挡水位高于泄水位时，可采用前者；有通航、排冰、过木、泄洪要求的水闸可采用后者。

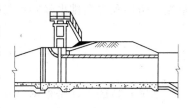

图 5-2　涵洞式水闸

（2）涵洞（封闭）式水闸。水闸修建在河（渠）堤之下时，称为涵洞式水闸（图5-2）。根据水力条件的不同，又分为有压式和无压式两类。

二、水闸的工作特点

水闸可以修建在土基或岩基上，但多数建于软土地基上。因而它具有以下工作特点：

（1）水闸泄流时，水流具有较大的动能，而土基河床的抗冲能力较低，易引起水闸下游冲刷，应采取有效的消能措施。

（2）在水头差作用下，闸室下部和两岸均产生渗流。渗流对闸室和两岸连接建筑物的稳定不利，而且可能产生有害的渗透变形。应采取有效的防渗排水设计。

（3）在闸室自重和外荷载作用下，软土地基的压缩性大、承载力低，易产生较大的沉陷或沉陷差，造成闸室倾斜、断裂等，引起水闸失事。设计时宜选择与地基条件相适应的闸室结构形式，保证闸室及地基的稳定性。

三、水闸的组成

水闸由三部分组成，即上游连接段、闸室段和下游连接段（图5-3）。

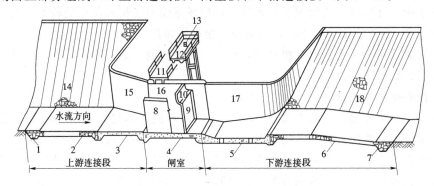

图 5-3　水闸的组成部分

1—上游防冲槽；2—上游护底；3—铺盖；4—底板；5—护坦（消力池）；6—海漫；
7—下游防冲槽；8—闸墩；9—闸门；10—胸墙；11—交通桥；12—工作桥；13—启闭机；
14—上游护坡；15—上游翼墙；16—边墩；17—下游翼墙；18—下游护坡

（1）上游连接段。处于水流行近区，主要作用是引导水流平稳地进入闸室，同时起防冲防渗作用。包括上游防冲槽、铺盖、上游翼墙及上游护底、护坡等。

（2）闸室段。闸室是水闸的主体，起着控制水流和连接两岸的作用。它包括底板、闸墩、闸门、工作桥、交通桥等。底板是闸室的基础，承受闸室全部荷载。闸室的稳定主要利用底板与地基土之间的摩擦阻力来维持，兼有防冲和防渗作用。闸墩的作用是分隔闸孔，支承闸门和上部结构重。工作桥用以安装启闭设备。交通桥连接两岸交通。

（3）下游连接段。包括消力池、海漫、下游防冲槽、下游翼墙及护坡等，主要作用是消能、防冲和安全排出经闸基及两岸的渗流。

第二节　闸孔尺寸的确定

水闸孔口的设计是根据已知的流量和水闸上、下游水位，确定闸孔及底板型式、闸底板高程和闸孔尺寸，以满足泄水或引水的要求。

一、闸孔的型式

常用的闸孔型式有宽顶堰、低实用堰和孔口泄流三种（图5-4）。

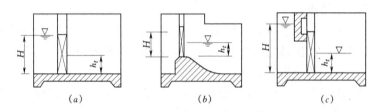

图 5-4　闸孔的型式

（a）宽顶堰型；（b）低实用堰型；（c）胸墙孔口型

宽顶堰是最常用的孔口型式，它具有结构简单、施工方便、泄流能力比较稳定等优点，但自由泄流时流量系数较小，闸后易产生波状水跃。

低实用堰有梯形、WES曲线形和驼峰形。实用堰水流条件较好，适宜的堰面曲线可消除波状水跃，且自由泄流时流量系数较大，但泄流能力受尾水位影响较大，当淹没水深 $h_s > 0.6H$ 时，泄流能力急剧下降，同时施工也较宽顶堰复杂。

孔口泄流适用于上游水位变幅较大，高水位需要控制下泄流量的情况。为减小闸门高度，一般可在孔口顶部设置胸墙。

二、闸底板高程的确定

闸底板应尽可能建筑在较坚实的土层上。在地基强度满足要求时，底板高程定得高些，闸室宽度大，两岸连接建筑物相对较低。对于小型水闸，由于两岸连接建筑物在整个工程量中所占比重较大，因而总的工程造价可能是经济的。在大、中型水闸中，由于闸室工程量所占比重较大，因而适当降低底板高程，常常是有利的。当然，底板高程也不能定得太低，否则，由于单宽流量加大，将会增加下游消能防冲的工程量；闸门高度增加，启闭设备容量也随之加大；另外，还可能给基坑开挖带来困难。

一般情况下，拦河闸和冲沙闸底板顶面可与河底齐平，进水闸尽可能高一些，防止泥沙进入渠道；分洪闸底板顶面也应较河床稍高；排水闸应尽量低一些，保证渍水迅速排出。

三、过闸单宽流量的选择

在确定闸室总宽时，过闸单宽流量是一个重要参数。它的选择主要取决于河床或渠道的土质情况、上下游水位差、下游水深等因素的影响，要兼顾泄洪能力和消能防冲两个方面。根据我国的经验，对粉砂、细砂地基，单宽流量可取 5~10 m³/（s·m），砂壤土地

基取 $10 \sim 15$ $m^3 /$（s·m），壤土地基取 $15 \sim 20$ $m^3 /$（s·m），坚硬粘土地基取 $20 \sim 25m^3 /$（s·m）。

四、闸孔总净宽的确定

闸孔总净宽应根据规划给定的设计流量、上下游水位和选用的闸孔形式及初拟的底板高程，针对不同流态分别计算。

（1）平底闸的过闸水流为堰流时，闸孔总净宽按下式计算：

$$B_0 = \frac{Q}{\sigma \varepsilon m \sqrt{2g} H_0^{3/2}} \tag{5-1}$$

单孔闸
$$\varepsilon = 1 - 0.171\left(1 - \frac{b_0}{b_s}\right)\sqrt[4]{\frac{b_0}{b_s}} \tag{5-2}$$

多孔闸，闸墩墩头为圆弧形时

$$\varepsilon = \frac{\varepsilon_z (N-1) + \varepsilon_b}{N} \tag{5-3}$$

$$\varepsilon_z = 1 - 0.171\left(1 - \frac{b_0}{b_0 + d_z}\right)\sqrt[4]{\frac{b_0}{b_0 + d_z}} \tag{5-4}$$

$$\varepsilon_b = 1 - 0.171\left[1 - \frac{b_0}{b_0 + \frac{d_z}{2} + b_b}\right]\sqrt[4]{\frac{b_0}{b_0 + \frac{d_z}{2} + b_b}} \tag{5-5}$$

$$\sigma = 2.31 \frac{h_s}{H_0}\left(1 - \frac{h_s}{H_0}\right)^{0.4} \tag{5-6}$$

式中　B_0——闸孔总净宽，m；

$\quad\quad\ Q$——过闸流量，m^3/s；

$\quad\quad H_0$——计入行近流速水头的堰上水深，m；

$\quad\quad\ g$——重力加速度，可采用 $9.81m/s^2$；

$\quad\quad m$——堰流流量系数，可采用 0.385；

$\quad\quad \varepsilon$——堰流侧收缩系数，对于单孔闸按公式（5-2）计算或由表 5-1 查得，对多孔闸按公式（5-3）计算；

$\quad\quad b_0$——闸孔净宽，m；

$\quad\quad b_s$——上游河道一半水深处的宽度，m；

$\quad\quad N$——闸孔数；

$\quad\quad \varepsilon_z$——中闸孔侧收缩系数，按公式（5-5）计算或由表 5-1 查得，但表中 b_s 为 $b_0 + d_z$；

$\quad\quad d_z$——中闸墩的厚度，m；

$\quad\quad \varepsilon_b$——边闸孔侧收缩系数，可按公式（5-5）计算或由表 5-1 查得，但表中 b_s 为 $b_0 + d_z/2 + b_b$；

$\quad\quad b_b$——边闸墩顺水流向边缘线至上游河道水边线之间的距离，m；

$\quad\quad \sigma$——淹没系数，按公式（5-6）计算或按表 5-2 查得；

$\quad\quad h_s$——由堰顶算起的下游水深，m。

b_0/b_s	≤0.2	0.3	0.4	0.5	0.6	0.7	0.8	0.9	1.0
ε	0.909	0.911	0.918	0.928	0.940	0.953	0.968	0.983	1.000

表 5－2　　　　　　　　　　　宽顶堰 σ 值

h_s/H_0	≤0.72	0.75	0.78	0.80	0.82	0.84	0.86	0.88	0.90	0.91
σ	1.00	0.99	0.98	0.97	0.95	0.93	0.90	0.87	0.83	0.80
h_s/H_0	0.92	0.93	0.94	0.95	0.96	0.97	0.98	0.99	0.995	0.998
σ	0.77	0.74	0.70	0.66	0.61	0.55	0.47	0.36	0.28	0.19

（2）平底闸的堰流处于高淹没度（$h_s/H_0 \geqslant 0.9$）时，闸孔总净宽按以下公式计算：

$$B_0 = \frac{Q}{\mu_0 h_s \sqrt{2g(H_0 - h_s)}} \tag{5-7}$$

$$\mu_0 = 0.877 + \left(\frac{h_s}{H_0} - 0.65\right)^2 \tag{5-8}$$

式中　μ_0——淹没堰流的综合流量系数，可按公式（5-8）计算或由表 5-3 查得。

表 5－3　　　　　　　　　　　μ_0　值

h_s/H_0	0.90	0.91	0.92	0.93	0.94	0.95	0.96	0.97	0.98	0.99	0.995	0.998
μ_0	0.940	0.945	0.950	0.955	0.961	0.967	0.973	0.979	0.986	0.993	0.996	0.998

（3）平底闸的过闸水流为孔流时，闸孔总净宽可按下式计算：

$$B_0 = \frac{Q}{\sigma' \mu h_e \sqrt{2gH_0}} \tag{5-9}$$

$$\mu = \psi \varepsilon' \sqrt{1 - \frac{\varepsilon' h_e}{H}} \tag{5-10}$$

$$\varepsilon' = \frac{1}{1 + \sqrt{\lambda\left[1 - \left(\frac{h_e}{H}\right)^2\right]}} \tag{5-11}$$

$$\lambda = \frac{0.4}{2.718^{16\frac{r}{h_e}}} \tag{5-12}$$

上各式中　h_e——孔口高度，m；

σ'——孔流淹没系数，可由表 5-5 查得；

μ——孔流流量系数，按公式（5-10）计算或由表 5-4 查得；

ψ——孔流流速系数，可采用 0.95～1.0；

ε'——孔流垂直收缩系数；

λ——计算系数，该式适用范围 $0 < \gamma/h_e < 0.25$；

r——胸墙底圆弧半径，m。

γ/h_e \ h_e/H	0	0.05	0.10	0.15	0.20	0.25	0.30	0.35	0.40	0.45	0.50	0.55	0.60	0.65
0	0.582	0.573	0.565	0.557	0.549	0.542	0.534	0.527	0.520	0.512	0.505	0.497	0.489	0.481
0.05	0.667	0.656	0.644	0.633	0.622	0.611	0.600	0.589	0.577	0.566	0.553	0.541	0.527	0.512
0.10	0.740	0.725	0.711	0.697	0.682	0.668	0.653	0.638	0.623	0.607	0.590	0.572	0.553	0.533
0.15	0.798	0.781	0.764	0.747	0.730	0.712	0.694	0.676	0.657	0.637	0.616	0.594	0.571	0.546
0.20	0.842	0.824	0.805	0.785	0.766	0.745	0.725	0.703	0.681	0.658	0.634	0.609	0.582	0.553
0.25	0.875	0.855	0.834	0.813	0.791	0.769	0.747	0.723	0.699	0.673	0.647	0.619	0.589	0.557

表 5 - 5 σ' 值

$\dfrac{h_s-h''_c}{H-h''_c}$	$\leqslant 0$	0.1	0.2	0.3	0.4	0.5	0.6	0.7	0.8	0.9	0.92	0.94	0.96	0.98	0.99	0.995
σ'	1.00	0.86	0.78	0.71	0.66	0.59	0.52	0.45	0.36	0.23	0.19	0.16	0.12	0.07	0.04	0.02

上式适用范围为：$0 < r/h_e < 0.25$。

五、闸室单孔宽度和总宽度的确定

闸孔总净宽求出后，即可根据水闸的使用要求、闸门型式、启闭机容量等因素，参照闸门系列尺寸，选定闸孔单孔宽度。大、中型水闸的单孔宽度一般采用 8~12m；小型水闸孔宽一般为 3~5m。孔宽 b 确定后，孔数 $n=B_0/b$，设计中 n 值应取略大于计算值的整数。孔数少于 6 孔时，宜采用单数。

闸室总宽度 $B=nb+\sum d_z$，其中 d_z 为闸墩厚度。闸室总宽拟定后，考虑到闸墩的影响，应对设计和校核水位分别进行水闸的过流能力验算。

第三节　水闸的消能防冲

一、水闸下游发生冲刷的原因

由于水闸泄水时具有较大的动能，对于土基河（渠）床，闸下冲刷是一种相当普遍的现象。造成闸下冲刷的原因很多，设计不当或运用管理不善是其主要原因。若出闸水流不能均匀扩散，则易形成主流集中、左冲右撞的折冲水流；若上下游水位差较小，佛劳德数很小（$Fr=1.0\sim1.7$）时，则易形成消能效果很差的波状水跃。二者均可造成河床及两岸的冲刷。为了保证水闸的安全，防止有害冲刷，首先要选用适宜的单宽流量；其次是做好消能防冲设计；第三是合理地进行平面布置，防止产生波状水跃和折冲水流。

二、水闸的消能设计

水闸的消能方式，一般多采用底流式消能。当闸下尾水深度较深、且变幅较小，河床及岸坡抗冲能力较强时，可采用面流式消能；当水闸承受水头较高，且闸下河床及岸坡为坚硬岩体时，可采用挑流式消能。本章介绍应用较多的底流式消能及降低护坦式消力池。

（一）消能设计条件的选择

消能设计应根据不同的控制运用情况，选择最不利的上、下游水位和流量组合。当闸门全开时，过闸流量虽大，但上下游水位差较小，并不一定是控制条件。当上游为最高挡水位，闸门部分开启下泄某一流量时，可能是消能控制条件。另外，选择消能控制条件时还应考虑水闸建成后上下游河道可能发生淤积或冲刷对消能产生的不利影响。

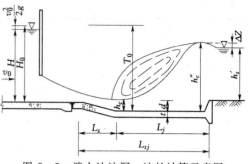

图 5-5 消力池池深、池长计算示意图

（二）降低护坦式消力池

（1）消力池深度（图 5-5）。池深按下列公式计算：

$$d = \sigma_0 h''_c - h'_s - \Delta Z \qquad (5-13)$$

$$h''_c = \frac{h_c}{2}\left(\sqrt{1 + \frac{8\alpha q^2}{g h_c^3}} - 1\right)\left(\frac{b_1}{b_2}\right)^{0.25} \qquad (5-14)$$

$$h_c^3 - T_0 h_c^2 + \frac{\alpha q^2}{2g\varphi^2} = 0 \qquad (5-15)$$

$$\Delta Z = \frac{\alpha q^2}{2g\varphi^2 h_s'^2} - \frac{\alpha q^2}{2g h''^2_c} \qquad (5-16)$$

式中　σ_0——水跃淹没系数，可采用 1.05～1.10；

　　h''_c——跃后水深，m；

　　h_c——收缩水深，m；

　　α——水流动能校正系数，可采用 1.0～1.05；

　　q——过闸单宽流量，$m^3/(s \cdot m)$；

　　b_1——消力池首端宽度，m；

　　b_2——消力池末端宽度，m；

　　ΔZ——出池落差，m；

　　h'_s——出池河床水深，m。

消力池深度一般为 1.0～3.0m。末端一般设有 0.5m 高左右的尾坎，以壅高池内水深，稳定水跃，调整流速分布，减少下游河床的冲刷。

（2）消力池的长度。池长取决于水跃长度，由以下公式计算：

$$L_{sj} = L_s + \beta L_j \qquad (5-17)$$

$$L_j = 6.9(h''_c - h_c) \qquad (5-18)$$

式中　L_{sj}——消力池长度，m；

　　L_s——消力池斜坡段水平投影长度，m；

　　β——水跃长度校正系数，可采用 0.7～0.8；

　　L_j——水跃长度，m。

（3）辅助消能工。为了改善水流条件，提高消能效果，可在护坦上设置辅助消能工，如消力墩、消力齿及尾坎等。消力墩在平面上起分散水流作用，增加消能效果。

（4）消力池底板（即护坦）的厚度。护坦厚度可根据抗冲和抗浮要求，分别按以下公式计算，取其较大值：

抗冲
$$t = k_1 \sqrt{q \sqrt{\Delta H'}} \tag{5-19}$$

抗浮
$$t = k_2 \frac{U - W \pm P_m}{\gamma_b} \tag{5-20}$$

式中　t——消力池底板始端厚度，m；

$\Delta H'$——闸孔泄流时的上、下游水位差，m；

k_1——计算系数，可采用 0.15～0.20；

k_2——安全系数，可采用 1.1～1.3；

U——扬压力，kPa；

W——作用在消力池底板顶面的水重，kPa；

P_m——作用在消力池底板上的脉动压力，kPa，其值可取跃前收缩断面流速水头值的 5%；通常计算消力池底板前半部的脉动压力时取"＋"号，计算消力池底板后半部的脉动压力时取"－"号；

γ_b——消力池底板的饱和重度，kN/m³。

消力池末端厚度，可采用 $t/2$，但不宜小于 0.5m。

（5）消力池的构造。消力池一般用 C15 或 C20 的混凝土浇筑而成，并配置 $\phi 10 \sim 12$mm 的构造钢筋，间距 250～300mm。大型水闸消力池的顶、底面均需配筋，中、小型只在顶面配筋。为了减小护坦底部的渗透压力，应在护坦水平段的后半部设置排水孔，孔下铺设反滤层。孔径一般为 50～250mm，间距 1.0～3.0m，呈梅花形布置。护坦与闸室底板、翼墙、海漫之间，均应设置沉降缝。

三、水闸上下游防冲措施

（一）海漫

过闸水流经护坦消能后仍有较大的余能，底部流速较大，分布不均匀，仍具有一定的冲刷能力，因此紧接消力池后还需设置海漫和防冲槽。海漫的作用是进一步消能，保护护坦安全，调整流速分布，保护河床、防止冲刷。

1. 海漫长度

海漫长度取决于消力池出口的单宽流量、上下游水位差、地质条件等因素，计算公式如下：

$$L_p = K_s \sqrt{q_s \sqrt{\Delta H'}} \tag{5-21}$$

式中　L_p——海漫长度，m；

q_s——消力池末端单宽流量，m³/（s·m）；

K_s——计算系数，当河床为粉砂、细砂时，取 14～13，为中砂、粗砂、粉质壤土时，取 12～11，为粉质粘土时，取 10～9，为坚硬粘土时，取 8～7。

2. 海漫的布置与构造

海漫要有一定的柔性，以适应河床的变形；要有一定的透水性，以利于渗透水流自由排出；要有一定的粗糙性，以加强进一步消除余能。

常用的海漫型式有以下几种：

（1）干砌石海漫。常用在海漫的中后段，一般由厚度为 0.3～0.6m，直径大于 30cm 的块石砌成，下面铺设碎石、粗砂垫层，每层厚 10～15cm。

（2）浆砌石海漫。一般用在海漫前部的 10m 范围内，厚度为 0.4～0.6m，采用 M5 或 M7.5 的水泥砂浆砌块石（粒径大于 30cm）而成。内设排水孔，下面铺设反滤层或垫层。

（3）混凝土板和钢筋混凝土板海漫。海漫由混凝土板或钢筋混凝土板铺筑而成，板内有排水孔，下面设反滤层或垫层。

（二）防冲槽

水流经过海漫后，能量得到进一步的消除，但仍有一定的冲刷力，为了保护海漫，常在海漫末端挖槽抛石加固。防冲槽多采用宽浅式梯形断面，槽深约为 1.5～2.0m，槽底宽一般为槽深的 2～3 倍，上游坡率 $m=2～3$，下游坡率 $m=3$。

（三）上下游护坡与上游河床护底

为了保证河床和河岸不受冲刷，闸室上游的铺盖表面必须设置防冲保护层，上游翼墙设在铺盖段，紧邻铺盖段的河底和上游岸坡常用浆砌石或干砌石护面，护砌长度为 2～3 倍水头；下游除消力池、海漫、防冲槽和下游翼墙外，防冲槽以上两岸需护坡，在防冲槽以下的岸坡还应护砌 4～6 倍水头长度。

第四节　水闸的防渗与排水

一、闸基防渗长度及地下轮廓布置

防渗设计的任务是经济合理地确定地下轮廓线的形式与尺寸，减小或消除渗流对水闸的不利影响，保证闸基及两岸不产生渗透破坏。

水闸防渗排水设计的一般步骤是：①初拟地下轮廓线和防渗排水设施的布置；②验算地基土的抗渗稳定性，确定闸底渗透压力；③满足稳定和抗渗要求，初拟的地下轮廓线即可采用，否则，需修改设计直至满足要求。

（一）闸基的防渗长度

土基闸基防渗长度（又称渗径长度），即铺盖和垂直防渗体等防渗结构以及闸室底板与地基的接触线长度，是闸基渗流的第一根流线长度，初步拟定的闸基防渗长度应满足下式要求：

$$L = C\Delta H \qquad (5-22)$$

式中　L——闸基防渗长度，即闸基轮廓线防渗部分水平段和垂直段长度的总和，m；

　　　ΔH——上、下游水位差，m；

　　　C——渗径系数，依地基土的性质而定，见表 5-6，当闸基设板桩时，可采用表 5-6 中所列规定值的小值。

表 5-6 中对壤土和粘土以外的地基，只列出了有反滤层时的渗径系数，因为在这些地基上建闸，不允许不设反滤层。

表 5-6

渗 径 系 数 C 值

排水条件	地 基 类 别									
	粉砂	细砂	中砂	粗砂	中砾细砾	粗砾夹卵石	轻粉质砂壤土	轻砂壤土	壤土	粘土
有反滤层	13~9	9~7	7~5	5~4	4~3	3~2.5	11~7	9~5	5~3	3~2
无反滤层	—	—	—	—	—	—	—	—	7~4	4~3

（二）地下轮廓布置

地下轮廓布置的原则是高防低排，即在高水位一侧布置铺盖、板桩、浅齿墙等防渗设施，延长渗径，以减少底板上的渗透压力，降低闸基渗流的平均坡降。在低水位一侧设置面层排水、排水孔、减压井与下游连通，使地基渗水尽快排出。不同地基对地下轮廓线的要求不同，现分述如下：

（1）粘性土地基。粘土地基不易产生管涌，但摩擦系数较小。轮廓布置时，主要是考虑如何降低闸底渗透压力，增加闸身稳定性。为此，防渗设施常采用水平铺盖［图 5-6（a）］而不用板桩，以免破坏土体的天然结构，造成集中渗流。排水设施可前移到闸底板下，以降低底板上的渗透压力，并有利于粘土加速固结。

（2）砂类土地基。砂类土地基的摩擦系数较大，对降低渗压要求较低，突出问题是渗漏与渗透变形。砂层很厚的地基，可采用铺盖和悬挂式板桩相结合的布置形式。当砂层较薄时（4~5m 以下），可用板桩将砂层切断［图 5-6（b）］。排水设施均布置在护坦下面。对于粉砂地基，为了防止液化，大多采用封闭式布置，将闸基四周用板桩封闭起来。图 5-6（c）是挡潮闸断面图，该闸受双向水头作用，在上下游都设有板桩和排水。

（3）特殊地基。在透水性较小的地基内有透水砂层且含有承压水时，应设置铅直排水孔［图 5-6（d）］，引出承压水，避免下游土层被隆起甚至发生流土。

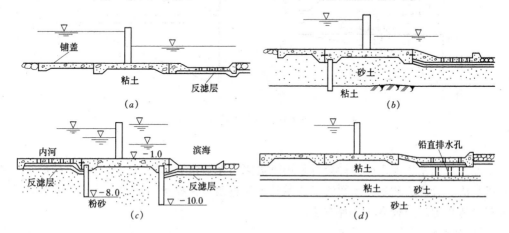

图 5-6　水闸地下轮廓布置示意图

二、闸基渗流计算

当初步确定地下轮廓布置后，需进行渗流计算，验算初拟的地下轮廓线和排水布置是否满足要求。渗流计算要素主要有渗透压力、渗透坡降等。计算渗流要素的常用方法有全截面直线分布法、改进阻力系数法。

（一）全截面直线分布法

岩基上水闸基底渗透压力计算可采用全截面直线分布法，但应考虑设置防渗帷幕和排水孔时对降低渗透压力的作用和效果。

（1）当岩基上水闸闸基设有水泥灌浆帷幕和排水孔时，闸底板底面上游端的渗透压力作用水头为 $H-h_s$，排水孔中心线处为 $\alpha(H-h_s)$，下游端为零，其间各段依次以直线连接 [图 5-7 (a)]。作用于闸底板底面上的渗透压力可按下式计算：

$$U = \frac{1}{2}\gamma(H-h_s)(L_1 + \alpha L) \tag{5-23}$$

式中　L_1——排水孔中心线与闸底板底面上游端的水平距离，m；

　　　α——渗透压力强度系数，可采用 0.25；

　　　L——闸底板底面的水平投影长度，m。

（2）当岩基上水闸闸基未设水泥灌浆帷幕和排水孔时，闸底板底面上游端的渗透压力作用水头为 $H-h_s$，下游端为零，其间以直线连接 [图 5-7 (b)]。作用于闸底板底面上的渗透压力可按下式计算：

$$U = \frac{1}{2}\gamma(H-h_s)L \tag{5-24}$$

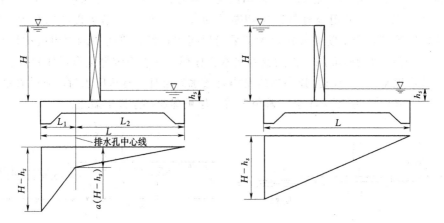

图 5-7　全截面直线法渗透压力计算图

（二）改进阻力系数法

土基上水闸基底渗透压力计算可采用改进阻力系数法和流网法。改进阻力系数法是在独立函数法、分段法和阻力系数法等的基础上进行改进而提出的，此法计算精度高，是目前求解渗透压力应用较多的一种方法。

1. 基本原理

如图 5-8 所示，取渗流段长度为 L，透水层厚度为 T，两断面间的水头差为 h_i，根据达西定律，单宽流量 q 为

$$q = k\frac{h_i}{L}T$$

令 $$\zeta_i = \frac{L}{T}$$

得 $$h_i = \zeta_i \frac{q}{k} \qquad (5-25)$$

式中 k——地基土的渗透系数，m/s；

     ζ_i——渗流段的阻力系数，与渗流段的几何形状有关。

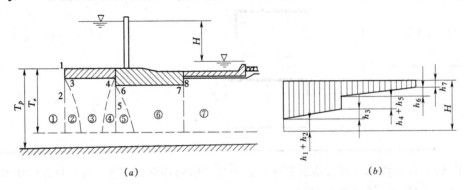

图 5-8   改进阻力系数法参数示意图

总水头 H 为各段水头损失之和，即

$$H = \sum_{i=1}^{n} h_i = \sum_{i=1}^{n} \zeta_i \frac{q}{k} = \frac{q}{k} \sum_{i=1}^{n} \zeta_i \qquad 即 \qquad q = \frac{kH}{\sum\limits_{i=1}^{n} \zeta_i} \qquad (5-26)$$

将式（5-26）代入式（5-25）可得各流段的水头损失为

$$h_i = \zeta_i \frac{H}{\sum\limits_{i=1}^{n} \zeta_i} \qquad (5-27)$$

对于比较复杂的地下轮廓，可以从板桩与底板或铺盖相交处和桩尖画等势线，将整个渗流区分成几个典型流段，只要已知各个典型流段的阻力系数，即可求出任一流段的水头损失。将各段的水头损失由出口向上游依次叠加，可求得各段分界线处的渗压水头以及其它渗流要素。以直线连接各分段计算点的水头值，即得渗透压力的分布图形〔图 5-8（b）〕。

2. 计算步骤

（1）土基上水闸的地基有效深度。可按下列公式计算：

当 $L_0/S_0 \geqslant 5$ 时 $$T_e = 0.5L_0 \qquad (5-28)$$

当 $L_0/S_0 < 5$ 时 $$T_e = \frac{5L_0}{1.6L_0/S_0 + 2} \qquad (5-29)$$

式中 L_0、S_0——地下轮廓的水平投影及垂直投影长度，m。

当计算的 T_e 值大于地基实际深度时，T_e 值应按地基实际深度采用。

（2）典型流段阻力系数的计算。将水闸地下轮廓线适当简化后可归纳为三种典型流段，即进口段，图 5-8 中的①、⑦段；内部垂直段，图 5-8 中的②、④、⑤段；内部水平段，图 5-8 中的③、⑥段。每段的阻力系数 ζ，可按表 5-7 中的计算公式确定。

表 5-7 典型流段的阻力系数

区段名称	典型流段形式	阻力系数 ζ 的计算公式
进口段和出口段		$\zeta_0 = 1.5\left(\dfrac{S}{T}\right)^{3/2} + 0.441$
内部垂直段		$\zeta_y = \dfrac{2}{\pi}\operatorname{lncot}\dfrac{\pi}{4}\left(1 - \dfrac{S}{T}\right)$
内部水平段		$\zeta_x = \dfrac{L - 0.7(S_1 + S_2)}{T}$

（3）进、出口段水头损失值和渗透压力分布图的局部修正。进、出口修正后的水头损失值可按下列公式计算［图 5-9（a）］：

$$h'_0 = \beta' h_0 \qquad\qquad (5-30)$$

$$h_0 = \sum_{i=1}^{n} h_i \qquad\qquad (5-31)$$

$$\beta' = 1.21 - \dfrac{1}{\left[12\left(\dfrac{T'}{T}\right)^2 + 2\right]\left(\dfrac{S'}{T} + 0.059\right)} \qquad\qquad (5-32)$$

式中　h'_0——进、出口段修正后的水头损失值，m；

h_0——进、出口段水头损失值，m；

β'——阻力修正系数，当计算的 $\beta' \geqslant 1.0$ 时，采用 $\beta' = 1.0$；

S'——底板埋深与板桩入土深度之和，m；

T'——板桩另一侧地基透层深度，m。

修正后水头损失的减小值可按下式计算：

$$\Delta h = (1 - \beta')h_0 \qquad\qquad (5-33)$$

水力坡降呈急变形式的长度 L'_x 可按下式计算：

$$L'_x = \dfrac{\Delta h}{\Delta H \big/ \sum\limits_{i=1}^{n} \zeta_i} T \qquad\qquad (5-34)$$

出口段渗透压力分布图形可按下列方法进行修正［图 5-9（b）］。QP' 为原有水力坡降，由计算的 Δh 和 L'_x 值，分别定出 P 点和 O 点，连接 QOP，即为修正后的水力坡降线。

进、出口段齿墙不规则部位可按下列方法进行修正（图 5-10）：

当 $h_x \geqslant \Delta h$ 时，按下式修正：

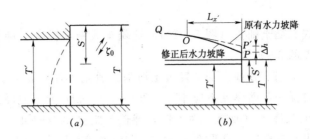

图 5-9　进出口段渗压修正示意图

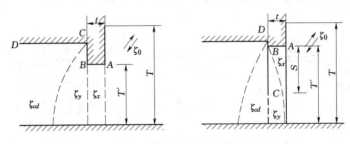

图 5-10　进出口段齿墙不规则部位修正示意图

$$h'_x = h_x + \Delta h \qquad (5-35)$$

式中　h_x、h'_x——水平段和修正后水平段的水头损失。

当 $h_x < \Delta h$，可按下列两种情况分别进行修正：

1）若 $h_x + h_y \geqslant \Delta h$，可按下式进行修正：

$$h'_x = 2h_x \qquad (5-36)$$

$$h'_y = h_y + \Delta h - h_x \qquad (5-37)$$

式中　h_y——内部垂直段的水头损失值，m；

　　　h'_y——修正后的内部垂直段水头损失值，m。

2）若 $h_x + h_y < \Delta h$，可按下式进行修正：

$$h'_y = 2h_y \qquad (5-38)$$

$$h'_{cd} = h_{cd} + \Delta h - (h_x + h_y) \qquad (5-39)$$

式中　h_{cd}——图 5-10 中 CD 段的水头损失值，m；

　　　h'_{cd}——修正后的 CD 段水头损失值，m。

以直线连接修正后的各分段计算点的水头值，即得修正后的渗透压力分布图形。

（4）出口段渗流坡降值。可按下式计算：

$$J = \frac{h'_0}{S'} \qquad (5-40)$$

三、防渗排水设施

水闸的防渗设施包括水平防渗（铺盖）和垂直防渗（板桩、齿墙）两种，排水设施指铺设在护坦、浆砌石海漫底部或闸底板下游段起导渗作用的砂砾石层。排水设施应与反滤层结合使用。

（一）铺盖

常用的铺盖形式有粘土铺盖（图 5-11）、混凝土或钢筋混凝土铺盖，其长度通常为上、下游最大水位差的 3~5 倍。

（1）粘土铺盖。多用于砂性土及中轻壤土地基。铺盖上游端最小厚度为 0.6m，向闸室方向逐渐加厚，且任一截面厚度不应小于 $\Delta H / [J]$，ΔH 为该截面铺盖顶、底面的水头差，$[J]$ 为材料的允许水力坡降。为了保证铺盖与闸室底板的可靠连接，防止沿接触面产生冲刷，铺盖末端应做成大梯形断面形式，同时铺盖与底板之间应做好止水连接（图 5-11）。为了保护粘土铺盖表面不受冲刷，铺盖上面应设砌石保护层。

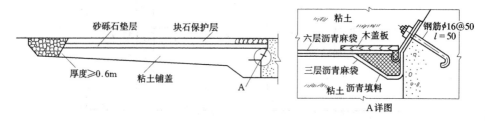

图 5-11　粘土铺盖及与闸底板的止水连接

（2）混凝土铺盖或钢筋混凝土铺盖。如当地缺少粘土时，可采用混凝土或钢筋混凝土铺盖，强度等级不低于 C15。一般做成等厚形式，厚度采用 0.4~0.6m，在与底板连接处应加厚至 1m 左右。在顺水流和垂直水流方向均应设沉陷缝，缝距 10~20m，靠近翼墙的铺盖缝距宜采用小值。缝宽采用 2~3cm，缝中须设止水。钢筋混凝土铺盖中须双向配置构造钢筋（ϕ10mm，间距 250~300mm）。

（二）板桩

板桩一般设在闸室底板高水位一侧或在铺盖起端，设在低水位一侧的短板桩主要是减小出口的渗透坡降。板桩长度一般采用 0.7~1.2 倍上下游的最大水位差。最常用的是钢筋混凝土板桩，其厚度及宽度根据防渗要求和打桩设备条件确定。钢筋混凝土板桩的最小厚度为 0.2m，宽度为 0.4m，并在板桩侧面设置齿槽。

（三）齿墙

齿墙常设在闸底板的上、下游端及混凝土或钢筋混凝土铺盖的起始处。深度一般为 0.5~1.5m。齿墙的作用是延长渗径，增加闸室的抗滑稳定性。

（四）排水设施

水闸多采用平铺式排水体，即用粒径 1~2cm 的卵石、砾石或碎石平铺在护坦排水孔的下面和浆砌石海漫的底部，厚约 0.2~0.3m。在排水与地基接触处应做好反滤层。反滤层一般为 2~3 层，常用砂、砾石、碎石构成，层厚依次可采用 0.15m、0.2m、0.25m，粒径顺渗流方向由细到粗排列。粘性土地基不易产生管涌，常铺设 1~2 层即可。

第五节　闸室的布置与构造

一、底板

按闸墩与底板的连接方式，闸底板可分为整体式 [图 5-12（a）、（c）] 和分离式

［图 5-12（b）］两种。按其结构形式则可分为平底宽顶堰式和低实用堰式。

（一）整体式平底板

当闸墩与底板浇筑成整体时，即为整体式底板。它的优点是闸室结构整体性好，对地基不均匀沉陷的适应性强，且具有较好的抗震性能。底板顺水流方向的长度可根据闸室稳定和地基应力分布较均匀以及上部结构的布置要求确定，初拟时可参照表 5-8 进行。

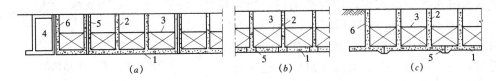

图 5-12 整体式与分离式平底板

1—底板；2—闸墩；3—闸门；4—空箱式岸墙；5—温度沉陷缝；6—边墩

底板的厚度必须满足强度和刚度的要求，大中型水闸可取闸孔净宽的 $1/6\sim1/8$，一般为 $1.0\sim2.0m$，最小厚度不小于 $0.7m$。底板混凝土还应满足强度、抗渗、抗冲等要求，多选用 C15 或 C20。

（二）分离式底板

当闸墩与底板设缝分开时，即为分离式底板。闸室上部结构的重量及其它荷载直接由闸墩传给地基，对底板仅有防冲、防渗的要求，在满足底板不被扬压力抬起的原则下，底板厚度可以做得较薄，配筋量也很少。适用于承载能力较高的砂土地基或岩基。

表 5-8　闸室底板顺水流向长度与上下游最大水位差的比值

地　基　土　质	闸室底板顺水流向长度 /上下游最大水位差
碎石土和砾（卵）石	1.5～2.5
砂土和砂壤土	2.0～3.5
粉质壤土和壤土	2.0～4.0
粘　　　土	2.5～4.5

二、闸墩

闸墩的外形轮廓应使过闸水流平顺、侧向收缩小、以提高过流能力。闸墩头部和尾部一般采用半圆形或流线型。闸墩的长度取决于上部结构布置和闸门形式，一般与底板同长或稍短些。闸墩厚度必须满足稳定和强度的要求，混凝土和少筋混凝土厚度约为 $0.9\sim1.4m$，浆砌石闸墩厚度约为 $0.8\sim1.5m$。闸墩在门槽处的厚度不宜小于 $0.4m$，主门槽深不小于 $0.3m$，宽约 $0.5\sim1.5m$，检修门槽深 $0.15\sim0.25m$，宽约 $0.15\sim0.3m$。为了满足闸门安装与检修的需要，检修门槽与工作门槽之间的净距不宜小于 $1.5m$。

闸墩分中墩和边墩两种。中墩上游部分（以闸门为界）的顶部高程应高出最高水位并有一定的超高，下游部分的顶部高程可以适当降低。边墩是闸室与两岸连接的闸墩，边墩的顶部高程应高出设计（或校核）洪水位，超高应满足规定要求。

三、胸墙

当水闸挡水高度较大时可设置胸墙来代替部分闸门高度。胸墙顶部高程与边墩顶部高程相同，其底部高程应不影响闸孔过水。胸墙位置取决于闸门的形式和位置。对于弧形闸门，胸墙设在闸门上游侧；对于平面闸门，胸墙设在闸门的下游或上游侧均可。胸墙结构可根据闸孔孔径大小和泄水要求选用板式或板梁式（图 5-13）。胸墙与闸墩的连接方式有简支式和固结式两种。

四、工作桥与交通桥

工作桥是为安装启闭机和便于工作人员操作而设在闸墩上的桥。桥面较高时，可在闸墩上另建支墩或排架支承工作桥。工作桥设置高度视闸门形式及闸孔水面高而定。如为平面门，当采用固定式启闭机时，由于闸门开启后悬挂的需要，桥的高度应为两倍的闸门高加一定的超高。如采用升卧式平面闸门，由于闸门开启后接近平卧位置，因而工作桥可以做得较低。工作桥的结构形

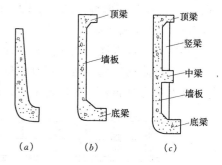

图 5-13 胸墙的结构图

式，对小型水闸可采用板式结构，大中型水闸多采用板梁结构。

交通桥是用来连接两岸交通的，一般布置在低水位一侧。桥面宽度按交通要求而定，一般公路桥的单车道净宽为 4.5m，双车道净宽为 7～9m。无特殊要求时，桥宽不小于 3.0m。

五、分缝与止水

闸室在垂直水流方向，每隔一定距离必须分缝，以免闸室因地基不均匀沉陷及温度变化而产生裂缝。缝的间距一般为 15～20m，此仅对岩石地基而言，对土基可适当加大，但不宜超过 35m。缝宽一般为 2～3cm。

在整体式底板中，沉陷缝一般设在闸墩中间，一孔、二孔或三孔一联，各联成为独立单元，以保证闸室发生不均匀沉陷时不影响闸门的正常运用。对于边孔，为减轻岸墙（或边墩）及墙后填土对闸室的不利影响，最好采取一孔一联或两孔一联。如地基条件较好，也可将缝设在底板上，既可改善底板受力条件，又可减少工程量。在分离式底板中，闸墩与底板设缝分开，以适应地基的不均匀沉降。

除闸室本身分缝外，凡是相邻结构荷重相差悬殊或结构较长、面积较大的地方，都要设缝分开。如铺盖与闸室底板、翼墙的连接处，消力池与闸室底板、翼墙的连接处；翼墙较长时也需设缝；混凝土铺盖及消力池的护坦面积较大时都要设缝。

凡是位于防渗范围内的缝都应设止水。止水分垂直止水（图 5-14）与水平止水（图 5-15）。常用的止水材料有紫铜片、橡皮、塑料等。水平止水与水平止水相交处，一般采用焊接。垂直止水与水平止水相交处，多包以沥青块体，构成封闭系统。

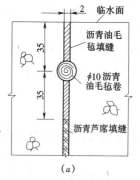
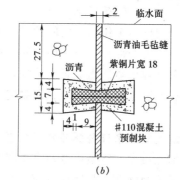
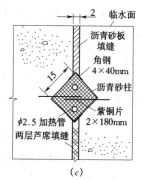

图 5-14 垂直止水构造（单位：cm）

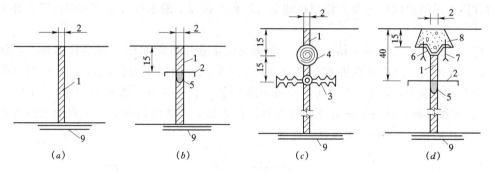

图 5-15　水平止水构造（单位：cm）

1—柏油油毛毡或沥青砂板、沥青杉板填缝；2—紫铜片或镀锌铁片；3—塑料止水片；
4—φ7~10cm 柏油油毛毡卷；5—灌沥青或用沥青麻索填塞；6—橡皮；7—鱼尾螺栓；
8—沥青混凝土；9—二至三层柏油油毛毡或麻袋浸沥青，宽 50~60cm

第六节　闸室稳定计算与地基处理

一、稳定计算

（一）水闸的等级划分

将建筑物划分为不同的等级，按级别采用不同的设计标准，这是工程经济性与技术性合理统一的重要体现。水闸的等级划分见表 5-9 及表 5-10。

表 5-9　　　　　　　　　　　平原区水闸枢纽工程分等指标

工 程 等 别	Ⅰ	Ⅱ	Ⅲ	Ⅳ	Ⅴ
规　　　　模	大（1）型	大（2）型	中型	小（1）型	小（2）型
最大过闸流量（m³/s）	≥5000	5000~1000	1000~100	100~20	≤20
防护对象的重要性	特别重要	重要	中等	一般	—

表 5-10　　　　　　　　　　　水闸枢纽建筑物级别划分

工 程 等 别	永 久 性 建 筑 物 级 别		临时性建筑物级别
	主要建筑物	次要建筑物	
Ⅰ	1	3	4
Ⅱ	2	3	4
Ⅲ	3	4	5
Ⅳ	4	5	5
Ⅴ	5	5	—

（二）荷载及其组合

作用在水闸上的荷载主要有自重、水重、静水压力、淤沙压力、扬压力、水平水压力、浪压力等。其中自重、水重、静水压力、泥沙压力等荷载计算与重力坝基本相同；扬

101

压力计算参见防渗设计一节。作用在铺盖与底板连接面上的水平水压力和浪压力计算方法如下：

（1）水平水压力。对于粘土铺盖，底板与铺盖连接处的水压力按倒梯形计算，如图 5-16（a）示，a 点压强按静水压强计算，b 点取该点的扬压力值，a、b 之间以直线连接；对混凝土铺盖，止水片以上仍按静水压强计算，止水片以下按梯形计算，见图 5-16（b）。止水片底面 c 点的水压力等于该点的浮托力加 e 点的渗透压力，d 点的水压力等于该点的扬压力值，c、d 之间以直线连接。

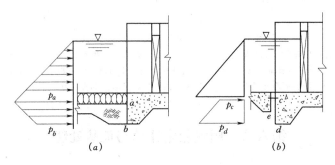

图 5-16　水平水压力

（2）浪压力计算。波浪要素可根据水闸闸前风向、风速、风区长度、风区内的平均水深等因素，分别按下列规定进行计算：

1）平均波高和平均波周期：按莆田试验站公式计算：

$$\frac{gh_m}{v_0^2} = 0.13\,\text{th}\left[0.7\left(\frac{gH_m}{v_0^2}\right)^{0.7}\right]\text{th}\left\{\frac{0.0018\left(\frac{gD}{v_0^2}\right)^{0.45}}{0.13\,\text{th}\left[0.7\left(\frac{gH_m}{v_0^2}\right)^{0.7}\right]}\right\} \qquad (5-41)$$

$$\frac{gT_m}{v_0} = 13.9\left(\frac{gh_m}{v_0^2}\right)^{0.5} \qquad (5-42)$$

式中　h_m——平均波高，m；

　　　v_0——计算风速，m/s；

　　　D——风区长度，m，当闸前对岸最远水面距离不超过闸前水面宽度的 5 倍时，可用对岸至闸前的直线距离；超过 5 倍时采用闸前水面宽度的 5 倍；

　　　H_m——风区内的平均水深，m；

　　　T_m——平均波周期，s。

2）计算波高 h_p：根据水闸级别，由表 5-11 查得波列的累积频率 p（％）值。再根据 p（％）及 h_m/H_m 值，查表 5-12 得 h_p/h_m 值，从而计算出波高 h_p。

表 5-11　　　　　　　　　　　　　　p　值

水闸级别	1	2	3	4	5
p（％）	1	2	5	10	20

表 5-12 h_p/h_m 值

h_m/H_m	p (%)				
	1	2	5	10	20
0.0	2.42	2.23	1.95	1.71	1.43
0.1	2.26	2.09	1.87	1.65	1.41
0.2	2.09	1.96	1.76	1.59	1.37
0.3	1.93	1.82	1.66	1.52	1.34
0.4	1.78	1.68	1.56	1.44	1.30
0.5	1.63	1.56	1.46	1.37	1.25

3）按下式试算出平均波长：

$$L_m = \frac{gT_m^2}{2\pi} \text{th} \frac{2\pi H}{L_m} \tag{5-43}$$

4）临界水深 H_k 与波浪中心线超出静水位高度 h_z 按下式计算：

$$H_k = \frac{L_m}{4\pi} \ln \frac{L_m + 2\pi h_p}{L_m - 2\pi h_p} \tag{5-44}$$

$$h_z = \frac{\pi h_p^2}{L_m} \text{cth} \frac{2\pi H}{L_m} \tag{5-45}$$

5）浪压力计算：作用于水闸铅直或近似铅直迎水面的浪压力，应根据闸前水深和实际波态分别计算。

当 $H \geqslant H_k$ 和 $H \geqslant L_m/2$ 时，浪压力（图 5-17）P_1 可按下式计算：

$$P_1 = \frac{1}{4} \gamma L_m (h_p + h_z) \tag{5-46}$$

设计水闸时，应将可能同时作用的各种荷载进行组合。荷载组合可分为基本组合和特殊组合两类。基本组合由基本荷载组成；特殊组合由基本荷载和一种或几种特殊荷载组成，但地震荷载只应与正常蓄水位情况下的相应荷载组合。

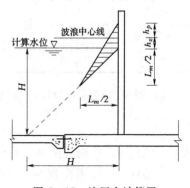

图 5-17　浪压力计算图

计算闸室稳定和应力时的荷载组合，可按表 5-13 的规定采用。必要时还可考虑其它可能的不利组合。

（三）闸室稳定计算

（1）闸室的稳定性及其安全指标。在各种计算情况下闸室稳定性应满足：闸室平均基底应力不大于地基允许承载力，最大基底应力不大于地基允许承载力的 1.2 倍；闸室基底应力的最大值与最小值之比 η 不大于规定的允许值，见表 5-14；闸室基底面的抗滑稳定安全系数 K_c 不小于规定的允许值，见表 5-15。岩基上的闸室稳定性要求可适当降低，其安全指标可查阅 SL 265—2001《水闸设计规范》。

（2）计算方法。闸室稳定验算时，对于未分缝的小型水闸，取整个闸室（包括边墩）作为计算单元；对于设置了沉陷缝的水闸，可取两沉陷缝间的闸段作为计算单元。

表 5-13　　　　　　　　　　　　荷 载 组 合 表

荷载组合	计算情况	荷载											
		自重	水重	静水压力	扬压力	土压力	淤沙压力	风压力	浪压力	冰压力	土冻胀力	地震荷载	其它
基本组合	完建情况	√	—	—	—	√	—	—	—	—	—	—	√
	正常蓄水位情况	√	√	√	√	√	√	√	√	—	—	—	√
	设计洪水位情况	√	√	√	√	√	√	√	√	—	—	—	√
	冰冻情况	√	√	√	√	√	√	—	—	√	√	—	√
特殊组合	施工情况	√	—	—	—	√	—	—	—	—	—	—	√
	检修情况	√	—	√	√	√	√	√	√	—	—	—	√
	校核洪水位情况	√	√	√	√	√	√	√	√	—	—	—	√
	地震情况	√	√	√	√	√	√	√	√	—	—	√	√

表 5-14　土基上闸室基底应力最大值与最小值之比 η 的允许值

地基土质	荷载组合	
	基本组合	特殊组合
松　软	1.50	2.00
中等坚实	2.00	2.50
坚　实	2.50	3.00

表 5-15　土基上沿闸室基底面抗滑稳定安全系数 K_c 的允许值

荷载组合		水 闸 级 别			
		1	2	3	4、5
基本组合		1.35	1.30	1.25	1.2
特殊组合	I	1.2	1.15	1.1	1.05
	II	1.1	1.05	1.05	1.00

1）闸室基底应力验算：当结构布置及受力对称时，按下式计算基底应力。

$$\frac{p_{max}}{p_{min}} = \frac{\sum G}{A} \pm \frac{\sum M}{W} \tag{5-47}$$

式中　$\sum G$——作用在闸室上的全部竖向荷载（包括闸室基底面上的扬压力），kN；

　　　$\sum M$——作用在闸室上的全部荷载对基础底面垂直水流方向的形心轴的力矩，kN·m；

　　　A——闸室基底面的面积，m^2；

　　　W——闸室基底面对于该底面垂直水流方向的形心轴的截面矩，m^3。

2）闸室基底面的抗滑稳定安全系数计算：

$$K_c = \frac{f \sum G}{\sum H} \tag{5-48}$$

式中　$\sum H$——作用在闸室上的全部水平向荷载，kN；

　　　f——闸室基底面与地基之间的摩擦系数，粘土地基取 0.2～0.45；壤土、粉质壤土取 0.25～0.40；砂壤土、粉砂土取 0.35～0.40；细砂、极细砂取 0.40～0.45；中砂、粗砂取 0.45～0.5，砂砾石、碎石土取 0.40～0.50；砾石、卵石取 0.50～0.55；对软质岩石：极软取 0.4～0.45，软基取 0.45～0.55，较软取 0.55～0.60；硬质岩石：较坚硬取 0.6～0.65，坚硬取 0.65～0.70。

当闸室基底面的抗滑稳定安全系数小于允许值时，可采用下列措施提高闸室的抗滑稳定性：①将闸门位置移向低水位一侧，或将水闸底板向高水位一侧加长；②适当增大闸室结构尺寸；③增加闸室底板的齿墙深度；④增加铺盖长度或在不影响防渗安全的条件下将排水设施向水闸底板靠近；⑤利用钢筋混凝土铺盖作为阻滑板。

二、地基处理

水闸地基处理的目的是：提高地基的承载能力和地基的稳定性；减小或消除地基的有害沉陷，防止地基渗透变形。当天然地基承载能力、稳定和变形任何一个方面不能满足要求时，就应根据工程具体情况进行地基处理。对于软弱地基，常用的处理方法有：

（1）换土垫层法。这种方法是将基底附近一定深度的软土挖除，换以砂土或紧密粘土，分层夯实而成。其主要作用是改善地基应力分布，减少沉降量。

（2）桩基础。当闸室结构重量较大、软土层较厚、基底压力较大时，可采用桩基础。桩基有支承桩和摩擦桩两种型式。支承桩能穿过软土层支承在坚硬岩石或密实土层，桩上荷载主要由岩石或密实土层承担。摩擦桩则主要依靠桩身表面的摩擦阻力来承担上部荷载。在水闸工程中，一般采用摩擦桩，以保证闸基防渗安全，如果采用支承桩，当桩尖以上地基土压缩时，底板与地基土的接触面有可能"脱空"，从而会引起地下渗流的接触冲刷而危及闸室安全。桩的尺寸和根数宜按承担底板底面以上的全部荷载确定。预制桩的中心距不应小于 3 倍桩径或边长，钻孔灌注桩的中心距不应小于 2.5 倍桩径。在同一块底板下，不应采用直径、长度相差过大的摩擦桩，也不应同时采用摩擦桩和支承桩。深厚的松软土基上的桩基础，当桩的中心距小于 6 倍桩径或边长，桩数超过 9 根（含 9 根）时应作为群桩基础，其桩尖平面处的地基压应力和沉降量，不应大于该平面处地基土的允许承载力和允许沉降量。

（3）高速旋喷法。此法是用钻机以射水法钻至设计高程，然后用安装在钻杆下端的特殊喷嘴把高压水、压缩空气和水泥浆或其它化学浆液高速喷出，搅动土体，同时钻杆边旋转边提升，使土体与浆液混合，形成柱桩，达到加固地基的目的。

第七节　闸室结构计算

闸室为一空间结构，受力比较复杂。为简化计算，一般将它分解为若干部分单独计算，并考虑他们之间的相互作用。

一、闸墩的结构计算

（一）平面闸门闸墩应力计算

（1）墩底水平截面上的正应力计算。将闸墩视为固结于闸底板上的悬臂结构，应力计算应考虑下列两种情况：

1）运用期：闸门关闭，不分缝的中墩承受最大水头时的水压力、闸墩自重及其上部结构自重等荷载（图 5-18），墩底正应力按下式计算：

$$\frac{\sigma_{max}}{\sigma_{min}} = \frac{\sum G}{A} \pm \frac{\sum M}{I_I} \frac{L}{2} \tag{5-49}$$

式中　$\sum G$——计算截面以上全部竖向荷载，kN；

A——墩底截面面积，m^2；

$\sum M$——作用在闸墩上的全部荷载对垂直水流方向形心轴的力矩，$kN \cdot m$；

I_I——计算截面对垂直水流方向形心轴的惯性矩，近似取 $I_I = d \ (0.98L)^3/$
12，m^4；

d——墩厚，m；

L——墩底长度，m。

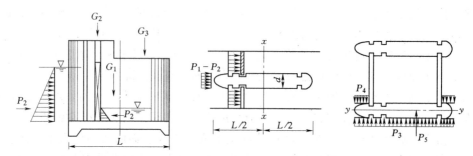

图 5-18　闸墩结构计算示意图

P_1、P_2——上、下游水平水压力；G_1—闸墩自重；

P_3、P_4—闸墩两侧横向水压力；G_2—工作桥重及闸门重；

P_5—交通桥上车辆刹车制动力；G_3—交通桥重

2) 检修期：一孔关闭，相邻闸孔闸门开启时，闸墩承受侧向水压力、闸墩自重及其上部结构自重、交通桥上车辆刹车制动力等荷载（图 5-18），墩底横向正应力由下式计算

$$\begin{matrix} \sigma_{max} \\ \sigma_{min} \end{matrix} = \frac{\sum G}{A} \pm \frac{\sum M}{I_{II}} \frac{d}{2} \qquad (5-50)$$

式中　$\sum M$——各力对墩底顺水流向形心轴的力矩之和，$kN \cdot m$；

I_{II}——墩底截面对顺水流向形心轴的惯性矩，m^4。

（2）墩底水平截面剪应力计算

$$\tau = \frac{QS}{Ib} \qquad (5-51)$$

式中　Q——作用在墩底水平截面上的剪力，kN；

S——剪应力计算截面处以外的面积对截面形心轴（方向与 Q 垂直）的面积矩，m^3；

b——计算截面处的墩厚，m。

（3）边墩（包括缝墩）墩底主拉应力计算。闸门关闭时，由于受力不对称（图 5-19），墩底受纵向剪力和扭矩的共同作用，可能产生较大的主拉应力。由于扭矩 M_n 作用，在 A 点产生的剪应力近似为

图 5-19　边墩墩底主拉应力计算

$$\tau_1 = \frac{M_n}{0.4d^2L} \qquad (5-52)$$

$$M_n = Pd_1 \qquad (5-53)$$

式中 P——半扇闸门传来的水压力，kN；

d_1——P 至形心轴的距离，m；

d、L——墩宽与墩长，m。

纵向剪应力的近似值为

$$\tau_2 = \frac{3P}{2dL} \tag{5-54}$$

A 点的主拉应力为

$$\sigma_{zl} = \frac{\sigma}{2} \pm \frac{1}{2}\sqrt{\sigma^2 + 4(\tau_1 + \tau_2)^2} \tag{5-55}$$

式中 σ——边墩（或缝墩）的墩底正应力（以压应力为负）。

σ_{zl} 不得大于混凝土的允许拉应力，否则应配受力钢筋。

（4）门槽应力计算。门槽因承受闸门传来的水压力而产生拉应力，故应对门槽颈部进行应力分析，并确定其配筋量。计算步骤如下：

1）从墩底取 1m 高的闸墩作为计算单元，计算 1m 高一扇闸门（左、右侧闸门传来）上的水压力 P，在计算单元的上、下水平截面上将产生剪力 $Q_上$ 和 $Q_下$，剪力差 $Q_上 - Q_下 = P$。

2）计算 1m 高门槽颈部所受的拉力 P_1：

$$P_1 = P\frac{A_1}{A} \tag{5-56}$$

式中 A_1——门槽颈部上游闸墩的水平截面积，m²；

A——闸墩的水平截面积，m²。

3）计算 1m 高门槽颈部所产生的拉应力：

$$\sigma = \frac{P_1}{b} \tag{5-57}$$

式中 b——门槽颈部厚度，m。

当拉应力小于混凝土的容许拉应力时，可按构造配筋；否则，应按实际受力情况配筋。

（5）闸墩配筋。一般情况下，闸墩的应力不会超过墩体材料的允许应力，实际工程中为加强闸墩与底板的连接，并考虑温度应力的影响，仍须按构造配置钢筋。一般可配 $\phi 10\sim14$mm，间距 $25\sim30$cm 的垂直钢筋，下端深入底板 $25\sim30$ 倍的钢筋直径，上端伸至墩顶或底板以上 $2\sim3$m 处截断。水平分布钢筋一般采用 $\phi 8\sim12$mm，每米 3～4 根。

门槽拉应力若大于混凝土的允许拉应力时，应按钢筋混凝土受拉构件计算配筋。否则，按构造配筋。构造钢筋布置在门槽两侧，可采用与闸墩水平分布钢筋相同的间距，钢筋直径应适当加大（图 5-20）。

（二）弧形闸门闸墩的应力计算

对弧形闸门闸墩，除计算底部应力（仍可用平面闸门闸墩应力计算方法计算）外，还应验算牛腿及其

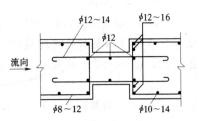

图 5-20 门槽配筋图（单位：mm）

附近的应力。

当闸门关闭挡水时，由弧形闸门门轴传给牛腿的作用力 R 为闸门全部水压力合力的一半，该力可分为法向力 N 和切向力 T（图 5-21），将牛腿视为短悬臂梁，计算它在 N 与 T 二力作用下的受力钢筋，并验算牛腿与闸墩相连处的面积是否满足要求。分力 N 对牛腿引起弯矩和剪力，分力 T 则使牛腿产生扭矩和剪力。有关牛腿的配筋计算可参阅《水工钢筋混凝土结构学》教材等有关著作。

牛腿附近的应力分析，有条件的宜采用弹性力学方法计算，现介绍偏光弹性试验法。

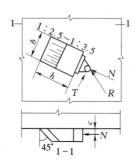

图 5-21　牛腿计算图

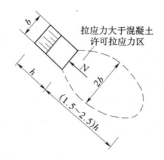

图 5-22　牛腿附近的闸墩拉应力

分力 N 会使闸墩产生相当大的拉应力。根据三向偏光弹性试验表明，仅在牛腿前（靠闸门一边）的 2 倍牛腿宽、1.5～2.5 倍牛腿高的范围内（图 5-22 虚线范围），闸墩的拉应力大于混凝土的许可拉应力。在此范围以外，拉应力一般均小于混凝土的许可拉应力，只需按构造配筋或不配筋。牛腿附近闸墩需配置的受力钢筋面积 A_s 可近似按下式计算

$$A_s = \frac{\gamma_d N'}{f_y}$$
(5-58)

式中　γ_d——结构系数，取 1.2；

N'——图 5-22 中虚线范围内的总拉力，该值约为 $(0.7\sim0.8)N$；

f_y——钢筋抗拉强度设计值，MPa。

对于重要的及大型的水闸，需通过专门试验确定应力状态及配置钢筋。

二、整体式平底板的结构计算

整体式平底板在顺水流方向的弯曲变形远较垂直水流方向为小，因而可在垂直水流方向用"截板成梁"的方法进行计算。常用的计算方法有如下几种。

（一）倒置梁法

该法假定闸室地基反力顺水流方向呈梯形分布，垂直水流方向呈矩形分布。先按偏心受压公式计算出顺水流向地基反力，在垂直水流方向截取单宽板条，作为以闸墩为支承的倒置梁，按连续梁计算其内力。梁上的均布荷载 q（图 5-23）为

$$q = q_反 + q_扬 - q_自 - q_水$$
(5-59)

式中　$q_反$——地基反力，kN/m；

$q_扬$——扬压力，kN/m；

$q_自$——底板自重，kN/m；

$q_{水}$——底板上的水重，kN/m。

倒置梁法的优点是计算简便，缺点是没有考虑底板与地基变形的协调条件，误差较大，只适用于小型水闸。

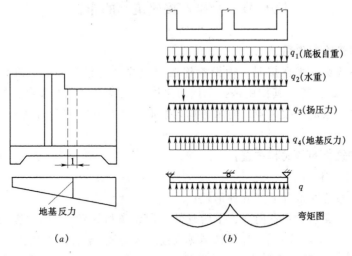

图 5-23 倒置梁法计算板条荷载示意图

（二）弹性地基梁法

该法认为底板和地基都是弹性体，底板和地基变形协调一致，垂直水流方向（横向）的地基反力呈曲线分布，顺水流方向（纵向）的地基反力呈直线分布，将垂直水流向的单宽板条作为弹性地基梁计算。其计算步骤如下：

（1）用偏心受压公式计算闸底纵向地基反力。

（2）计算单宽板条上的不平衡剪力。由于闸门前后水重相差悬殊，所以，计算时应以闸门门槛作为上、下游的分界，将闸室分为上、下游两段脱离体，脱离体截面上必然产生剪力 Q 来维持平衡，该剪力称为不平衡剪力。其值由脱离体平衡条件求得，即：$Q_{上} = -Q_{下}$，而 $Q_{下} = -\sum W_{下}$（$\sum W_{下}$ 为下游段脱离体上全部竖向荷载）。

（3）不平衡剪力 Q 的分配。不平衡剪力的分配可采用作图法或数值积分法求得。一般情况下，闸底板分担不平衡剪力的 $10\%\sim15\%$，闸墩分担不平衡剪力的 $85\%\sim90\%$。

（4）单宽板条上的荷载计算。集中荷载：将闸墩上的不平衡剪力与闸墩及其上部结构的重量作为梁的集中力。

均布荷载：将分配给底板上的不平衡剪力化为均布荷载，并与底板自重、水重及扬压力等代数和相加，作为梁的均布荷载。

（5）边荷载的影响。边荷载是指计算闸段两侧的闸室或边闸墩后的回填土及岸墙等作用于地基上的荷载。边荷载的影响因素较多，工程中常作如下规定：①计算闸段先浇筑，边荷载施工在后。当边荷载使底板内力增加时，则全部计入；使底板内力减少时，粘性土地基不考虑其影响，砂性土地基仅考虑 50%。②计算闸段浇筑之前，边荷载已施加。当边荷载使底板内力减少时，不予考虑；使底板内力增加时，砂性土地基计入 50%，粘性土地基则全部计入。

（6）配筋计算与裂缝验算。根据各种计算情况，算出底板各截面的最大弯矩，绘出弯矩包络图，然后分别按受弯构件计算底板底层和表层的配筋量，并进行抗裂限裂验算。

第八节　两岸连接建筑物的布置

一、连接建筑物的作用

水闸与河岸或堤、坝连接时，须设置连接建筑物，它包括上、下游翼墙，边墩或岸墙，刺墙（图5-24）等。其作用是：①挡两岸填土，保证河岸（或堤、坝）稳定，免受水流冲刷；②引导水流平顺进闸，使水流均匀扩散；③控制闸室侧向绕渗，防止绕渗引起渗透变形。

二、连接建筑物的形式和布置

（一）上、下游翼墙

翼墙的平面布置通常有下列五种形式：

（1）反翼墙。翼墙自闸室向上、下游延伸一段距离后转弯90°插入堤岸内，转弯半径约为2～5m［图5-24（a）］。为了改善水流条件，下游翼墙的平均扩散角宜采用7°～12°。对于小型水闸，翼墙可自闸室上下游端直接转弯90°插入河岸，此种形式叫一字墙式［图5-24（b）］。

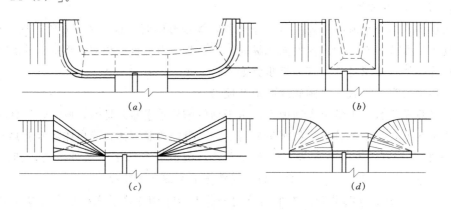

图5-24　翼墙布置形式
（a）反翼墙；（b）一字墙；（c）扭曲面墙；（d）斜降墙

（2）扭曲面翼墙。翼墙的迎水面在靠近闸室处为铅直面，随着翼墙向上、下游延伸而逐渐增加墙面倾斜度，一直渐变到与相连的河床（或渠道）坡度相同为止［图5-24（c）］。这种翼墙水流条件较好，工程量省，但施工较为复杂，中小型工程采用较多。

（3）斜降式翼墙。翼墙的平面形状为八字形，随着翼墙向上、下游延伸，其高度逐渐降低［图5-24（d）］。该形式的优点是工程量小，施工方便。但水流易在闸孔附近产生立轴旋涡，冲刷两岸。常用在小型水闸中。

（4）圆弧翼墙。从闸室上下游两端开始，用圆弧形铅直翼墙与河岸连接（图5-25），上游圆弧半径一般为15～30m，下游为35～40m。该布置形式水流条件好，但模板用量多，施工较复杂。适用于上、下游水位差及单宽流量较大的大中型水闸。

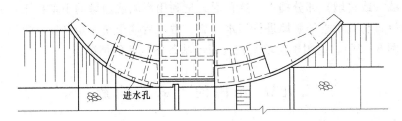

图 5-25 圆弧形翼墙示意图

（5）护坡式。从上游至下游，整个水闸段的两岸均为倾斜的护坡形式（图 5-26）。护坡式适用于各种地基，特别是闸身较高而地基承载力较小的水闸工程。

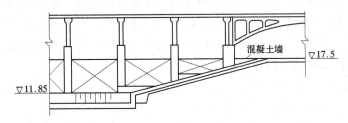

图 5-26 护坡式翼墙示意图

（二）岸墙

闸室通过边墩与两岸连接，则边墩兼作岸墙；如边墩与岸墙分设，则边墩是闸室的一部分，而岸墙是连接建筑物的一部分。常用以下三种：

（1）岸墙与边墩结合。利用边墩直接挡土，边墩起闸墩和岸墙的双重作用。边墩和闸室底板可以连成整体，也可用缝分开（图 5-27）。适用于闸室高度较低、地基承载力较大的情况。

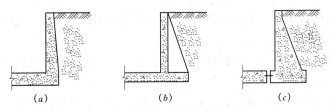

图 5-27 岸墙与边墩结合示意图

（2）岸墙与边墩分设。当闸室较高时，可在边墩后面另设岸墙（图 5-28），起挡土作用，岸墙与边墩之间设有沉陷缝。这种布置可以减小边墩和闸室底板的内力。岸墙的结构形式有：悬臂式、扶壁式、空箱式等。

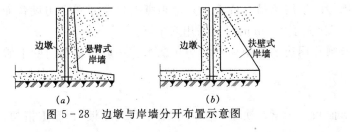

图 5-28 边墩与岸墙分开布置示意图

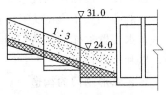

图 5-29 边墩部分挡土

111

（3）岸墙（或边墩）部分挡土。这种形式是利用岸墙或边墩的下部挡土，并在岸墙或边墩的后面设置与其垂直的刺墙进行挡水。墙（墩）后填土至一定高度，再以一定的坡度到达堤顶（图5-29）。适用于需填土较高而地基条件较差的情况。

第九节　闸门的型式与构造

一、闸门的类型

闸门是水闸中不可缺少的一个重要组成部分，其作用是控制水位和调节流量。闸门的型式很多（图5-30）。按其结构型式可分为平面闸门、弧形闸门、自动翻转闸门和立轴闸门。按工作性质可分为工作闸门和检修闸门。工作闸门又称主闸门，用以控制孔口，调节水位和流量；检修闸门用以临时挡水，以便对工作闸门进行检修。按闸门所处的位置可分为露顶闸门和浅孔闸门。按闸门材料可分为钢闸门、木闸门、钢筋混凝土闸门、钢丝网水泥闸门及预应力混凝土闸门等。

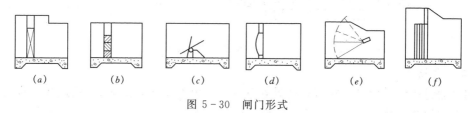

图5-30　闸门形式

（a）平面闸门；（b）叠梁闸门；（c）翻倒闸门；（d）双曲扁壳闸门；（e）弧形闸门；（f）立拱闸门

二、平面闸门的构造

平面闸门一般由三部分组成：①主体活动部分，通称闸门，也称门叶；②埋固部分；③启闭设备。

门叶由承重结构（面板、梁格、竖向联结系、纵向联结系和支承边梁）、行走支承部件、止水装置和吊耳等组成。

平面闸门（门叶）的基本尺寸根据孔口尺寸确定。应优先采用闸门设计规范中推荐的系列尺寸。

平面闸门的行走支承应根据工作条件、荷载和跨度选定。工作闸门一般选用滚轮或胶木滑动支承；检修闸门可采用钢或铸铁等材料制造的滑动支承。

平面闸门的埋固件有主轨、侧向及反向导轮轨道、止水座等。轨道常用工字形、T形截面和扁钢等铸铁或钢材构成；大型水闸的止水座可采用不锈钢，中小型水闸多用钢板或水磨石等。

吊耳是闸门同吊具连接的部件。采用单吊点或双吊点应根据孔口尺寸和启闭设备而定。一般孔径大于5m或闸门宽高比大于1.0m时，宜采用双吊点。

止水装置的作用是将门叶与闸孔周边的缝隙密封，防止漏水。一般布置在门叶上游侧，以利于维修更换。

三、弧形闸门的构造

弧形闸门的活动部分由弧形面板、主梁、次梁、竖向联结系（或隔板）、起重桁架、支臂和支铰等所组成。

弧形闸门的挡水面为圆弧面，支承铰位于圆心，启闭时闸门绕支承铰转动。作用在闸门上的水压力通过转动中心，对闸门的启闭不产生阻力矩，故启门力小。

弧形闸门的吊点位置随着启闭机类型而异。当采用卷扬式启闭机时，闸门吊点一般设在闸门主梁位置的面板上游面，以使启门钢丝绳的拉力具有较大的力臂。当采用油压启闭机时，吊点宜设在闸门下游面。

弧形闸门根据闸孔的宽高比可布置成主横梁式或主纵梁式结构，主横梁式以水平横梁为主梁，适用于宽高比较大的弧形门。主纵梁式以支臂前面的竖向纵梁为主梁，适用于宽高比较小的弧形门。工程中应用较多的结构形式是主横梁式。

主横梁式弧形门通常采用两根主横梁和两对支臂，每一个支臂由两根支臂杆（或称肢杆、主柱）组成。按照支臂的布置，可分为直支臂式 ［图 5 - 31（a）］、斜支臂式 ［图 5 - 31（b）］ 和主梁带双悬臂的直支臂式 ［图 5 - 31（c）］ 等三种形式。

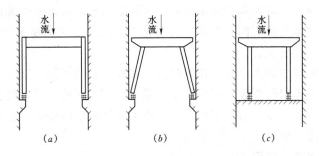

图 5 - 31　弧形闸门的支臂形式
(a) 直支臂式；(b) 斜支臂式；(c) 双悬臂自支臂式

常用启闭机的类型有螺杆式、卷扬式和油压式等三种。按其运行条件，又可分为固定式和移动式两种。目前大、中型水闸广泛采用的是卷扬式启闭机，小型工程一般多用螺杆式启闭机，油压式尚在发展之中。

第六章 河岸溢洪道

第一节 河岸溢洪道的类型和位置选择

一、泄水建筑物的作用、类型

泄水建筑物是水库枢纽中的主要建筑物,它承担着宣泄洪水、保证工程安全的重要作用。其型式有深式泄水建筑物和溢洪道两类。

深式泄水建筑物有坝身泄水孔、水工隧洞和坝下涵管等。其泄水孔道位于库水位以下,深度较大,除向下游宣泄部分洪水外,还可用于供水泄放,并可兼作施工导流、放空水库、排沙以及在洪水到来之前预泄部分库水作调洪之用。这类建筑物因泄水能力较小,一般仅作为辅助的泄洪建筑物。

溢洪道是水库枢纽中的主要泄水建筑物。按布置位置的不同,又可分为河床式与河岸式两种型式。在混凝土坝与浆砌石坝枢纽中,常利用布置在原河床中的溢流坝泄洪,该溢流坝即为河床式溢洪道。在土石坝枢纽中,一般不允许从坝顶溢流,通常是在河岸的适当位置单独修建溢洪道,称为河岸式溢洪道。

二、河岸式溢洪道的类型

河岸式溢洪道分为开敞式溢洪道和封闭式溢洪道两大类。开敞式溢洪道的整个流程是完全开敞的,水流具有自由表面,而封闭式溢洪道的泄水道是封闭式的(包括竖井式、虹吸式等)。由于封闭式溢洪道超泄能力小,易产生空蚀等,故应用较少,通常采用开敞式河岸溢洪道。

开敞式河岸溢洪道又有正槽式溢洪道和侧槽式溢洪道两种型式。正槽式溢洪道的型式如图 6-1 所示,它的泄槽与堰上水流方向一致,所以其水流平顺,结构简单,运用安全可靠。这是一种采用最

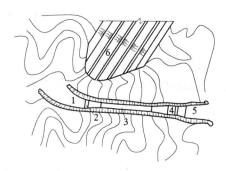

图 6-1 正槽式溢洪道
1—引水渠;2—溢流堰;3—泄槽;
4—消力池;5—泄水渠;6—土石坝

多的溢洪道型式。侧槽式溢洪道的特点是水流过堰后约转 90°弯经泄槽流入下游(图 6-2),因而水流在侧槽中的紊动和撞击都很强烈,且距坝头较近,直接关系到大坝的安全。

本章重点讲述最常采用的正槽式溢洪道,对侧槽式溢洪道仅作简要介绍。

三、溢洪道的位置选择

溢洪道位置选择是否得当,对水库工程的安全和造价有很大影响。溢洪道位置的选择,主要应考虑以下条件:

(1)地形条件。这是决定溢洪道型式和布置的主要因素。较理想的地形条件是,离大坝不远的库岸有通向下游的马鞍形山垭口,其高程在正常蓄水位附近,垭口后面有长度不

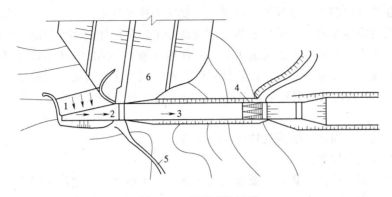

图 6-2　侧槽式溢洪道

1—溢洪道；2—侧槽；3—斜槽；4—出口消能段；5—上坝公路；6—土石坝

大的冲沟直通原河道，出口离下游坝脚较远，这对工程的经济、安全及管理运用均有利，且易于解决下泄水流的归河问题（图 6-1）。

如果坝肩具有有利的地形条件，且高程适宜，可将溢洪道布置在坝肩上。这种布置形式工程量省，对于土石坝枢纽还具有利用其开挖料作为筑坝材料的优点。

当两岸山坡陡峻时，可将溢流堰沿岸坡等高线方向布置，即采用侧槽式溢洪道，以减小开挖工程量。

（2）地质条件。这是影响溢洪道安全的关键因素。溢洪道应尽量布置在坚固、完整、稳定的岩石地基上，以减小砌护工程量并有利于工程的安全。溢洪道两侧山坡也必须稳定，以防止泄洪时山坡崩塌堵塞或摧毁溢洪道，危及大坝安全。

（3）水流条件。溢洪道的轴线一般宜取直线，力求水流顺畅，流态稳定。如因地形或地质条件的限制而需转弯时，应尽量将弯道设置在进水渠或出水渠段。为避免冲刷坝体，溢洪道进口距坝端不宜太近，一般最少要在 20m 以上。溢洪道出口距坝脚不应小于 50～60m，以免水流冲刷坝脚或其它建筑物。但为了管理方便，溢洪道也不宜距离大坝太远。

（4）施工条件。应避免溢洪道开挖与其它建筑物施工相互干扰，出渣路线及堆渣场所应便于布置，并尽量利用开挖土石料填筑坝体。

第二节　正槽式溢洪道

正槽式溢洪道一般由进水渠、控制段（溢流堰）、泄槽、消能防冲设施及出水渠五部分组成（图 6-1）。

一、进水渠

进水渠的作用是将水库的水平顺地引至溢流堰前。其设计原则是在合理的开挖方量下尽量减小水头损失，以增加溢洪道的泄洪能力。为此，进水渠布置时应注意以下几点：

（1）平面布置。进水渠在平面上宜布置成直线，进口呈喇叭形，使水流逐渐收缩，末端接近控制段处应做成渐变过渡段。渐变段由堰前导水墙或翼墙形成，导水墙长度可取堰上水头的 5～6 倍，墙顶应高出最高水位。

若受地形或地质条件限制，进水渠必须转弯时，应使弯曲半径不小于 4 倍的渠底宽度，并力求在控制段前有一直线段，以保证控制段为正向进水。

进水渠长度应尽量短，在不引起其它组成部分工程量增加过多的情况下，应尽量使溢流堰直接面临水库，这样就不需要进水渠，只在堰前做一个喇叭形进水口即可。

（2）横断面。尺寸应足够大，以降低渠内流速，减小水头损失。渠道设计流速宜采用3～5m/s。进水渠的边坡根据稳定要求确定。为了减小糙率和防止冲刷，进水渠一般应做衬砌。

（3）纵断面。应做成平底或底坡较小的反坡。

二、控制段（溢流堰）

控制段是控制水库水位和下泄流量的关键部位。小型水库控制段一般采用宽顶堰，并且为了管理运用方便，堰上一般不设闸门控制，这时堰顶高程与水库正常蓄水位齐平。

控制段宽度即通常所说的溢洪道宽度，由下式计算：

$$Q = MBH^{3/2} \tag{6-1}$$

式中　Q——溢洪道泄洪流量，m^3/s；

　　　B——控制段宽度，m；

　　　H——堰顶水深，m；

　　　M——流量系数，$M = m\sqrt{2g}$，与堰的进口形状有关，可参考表6-1选用。

由上式可知，当溢洪道设计流量 Q 确定后，溢洪水深 H 增大，则控制段 B 就减小，溢洪道开挖量少，但 H 加大，会相应地增加坝顶高程，增大坝体工程量，另外还增加上游淹没损失。反之，若 H 减小，则控制段 B 增大，增加溢洪道的开挖量，但坝高降低，坝体工程量减小。因此，要通过方案比较，最后才能确定经济的溢洪水深 H。小型水库的溢洪水深一般取1～1.5m，不宜超过2m。

表6-1　　　不同溢洪水深 H 和不同进流条件 M 时单宽流量 q 值表

水深 H （m）	单 宽 流 量 q [$m^3/(s \cdot m)$]			
	堰顶入口没加做成圆形 $M=1.42$	堰顶入口做成钝角形状 $M=1.48$	堰顶入口边缘做成圆形 $M=1.55$	具有很好的圆形入口和极光滑的路径 $M=1.62$
0.5	0.502	0.523	0.547	0.572
0.6	0.660	0.687	0.720	0.752
0.7	0.830	0.866	0.905	0.947
0.8	1.015	1.059	1.109	1.159
0.9	1.210	1.263	1.323	1.382
1.0	1.420	1.480	1.550	1.620
1.2	1.865	1.945	2.040	2.130
1.4	2.355	2.455	2.570	2.685
1.6	2.870	2.990	3.130	3.270
1.8	3.420	3.575	3.740	3.910
2.0	4.015	4.185	4.390	4.580

溢流堰顶可高于进水渠渠底，也可与渠底齐平。堰顶一般均用混凝土或浆砌石护砌，使堰面光滑平整以增加过水能力，并保护堰底不受冲刷。

为应用方便，按式（6-1）取 $B=1m$（即 $q=MH^{3/2}$）制成表 6-1。计算时，根据选定的溢洪水深 H 及进口条件，查得 $B=1m$ 时堰上通过的最大单宽流量 q，然后由式 $B=Q/q$，即可算得控制段宽度 B。反之，如已知 Q 及 B，亦可求得 q 和 H。

三、泄槽

泄槽的作用是将过堰水流迅速地泄向下游消能段，其坡度较大，一般均大于临界水力坡降，所以又叫陡槽或陡坡段。泄槽的特点是坡陡、流急，槽内流速大、紊动剧烈，惯性力大，因此对边界条件的变化非常敏感。布置泄槽时，应使之适应高速水流的特点，尽量避免高速水流给工程带来的冲击波、掺气、气蚀等不利影响，这是泄槽布置时应遵循的重要原则。

（1）平面布置。泄槽在平面上应尽可能采用直线、等宽、对称布置，以使水流顺畅，保证工程安全。但在实际工程中，为了减少土石方开挖量，常在泄槽首端设置对称收缩段。为避免产生冲击波，边墙收缩角不宜大于 11.25°。在泄槽末端，如果下游采用消力池消能，为了减小单宽流量，有利于消能，有时需要设置扩散段。扩散角一般不宜大于 7°，以免高速水流脱离边墙，给消能带来不利影响。

（2）纵剖面布置。泄槽纵坡应尽量采用均一坡度，但为了减小开挖量，纵坡通常应以尽量适应地形条件为原则。当由于地形或地质条件限制必须分段设置不同坡度时，分段也不宜太多，而且宜采用先缓后陡的坡度，在变坡处用抛物线平顺连接，避免水流脱离槽底产生负压。实践证明，坡度由陡变缓，泄槽极易遭到动水压力的破坏，应尽量避免。

槽底纵坡一般大于临界坡度，常用 1%～5%，有时可达 10%～15%，在坚硬的基岩上可以更大。

（3）横断面。泄槽的横断面应尽可能做成矩形并加以衬砌，土基上的泄槽断面可以做成梯形，但边坡不宜太缓，以免水流外溢和对流态不利。

泄槽边墙或衬砌高度应按掺气后水深加安全超高来确定。一般流速 $v>6\sim7m/s$ 时，则需考虑掺气问题。掺气后的水深 h_b 可按下式估算：

$$h_b=h(1+\zeta v/100) \tag{6-2}$$

式中 h、h_b——泄槽计算断面的水深及掺气后的水深，m；

v——不掺气情况下泄槽计算断面的流速，m/s；

ζ——修正系数，可取 $1.0\sim1.4s/m$，流速大者取大值。

安全超高一般取 $0.5\sim1.5m$。

（4）泄槽的构造。泄槽通常均需衬砌。对衬砌的要求是：光滑平整、止水可靠、排水通畅、坚固耐用。

建于土基上的泄槽，通常采用混凝土衬砌，其厚度一般为 0.3m。若槽内流速小于 5～6m/s 时，可用浆砌石衬砌，建于坚固岩基上的泄槽，在离开控制段较远的地方也可不衬砌，只需将岩石加以平整即可。

为适应温度变形，衬砌每隔 10～15m 需设置一道伸缩缝，缝内应设止水，以防高速水流钻入底板，将底板掀起。接缝表面一定要求平整，特别是垂直于水流方向的横缝，必须防止下游块有升坎现象。为此，横缝应做成搭接式以防止下游块升起（图6-3）。土基上的伸缩缝构造如图6-4所示。

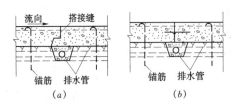
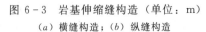

图6-3 岩基伸缩缝构造（单位：m）
(a) 横缝构造；(b) 纵缝构造

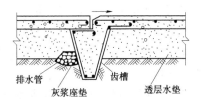

图6-4 土基伸缩缝构造

底板的排水设备，一般设在纵、横伸缩缝的下面，渗水由横向排水集中到纵向排水内排入下游。岩基上的横向排水设备通常是在岩面上开挖沟槽而成，沟槽尺寸一般为0.3m×0.3m，沟内填不易风化的碎石。岩基上的纵向排水设备通常是在沟内放置缸瓦管（图6-3），直径一般为10～20cm。在土基上或很差的岩基上，常在底板下设置厚约30cm的碎石垫层（图6-4），形成平面排水。如为粘土地基，应先铺一层厚0.2～0.5m的砂砾垫层，垫层上再铺碎石排水层；或在砂砾垫层中做纵、横排水管，管周做反滤层。如地基为细砂，应先铺一层粗砂，再做碎石排水层，以防渗透破坏。

四、消能设施

由泄槽下泄的水流，具有很大的动能，故在其末端必须采用有效的消能防冲措施。消能的方式主要有两种：一种是底流式消能（图6-5），适用于地质条件较差或溢洪道出口距坝脚较近的情况；另一种是挑流消能，适用于较好的岩基或挑流冲刷坑距坝脚较远，不危及坝的安全的情况。

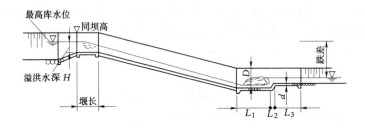

图6-5 溢洪道的消力池

（一）底流式消能

表6-2和图6-5给出不同溢洪水深、不同跌差时的降低护坦式消力池各部分尺寸，可供参考。

（二）挑流消能

挑流消能是在泄槽末端修筑挑流鼻坎，利用鼻坎将从泄槽下泄的高速水流挑射到距离建筑物较远的地方。在挑射过程中，水流受空气阻力而扩散并掺入大量空气，降落到下游水面后，又受到下游水体的阻力形成强烈的漩滚而消能。挑流消能的关键问题在于使下游冲刷坑的发展不致影响建筑物的安全。

表 6-2			溢洪道下游消力池尺寸参考值			单位：m
溢洪水深 H	跌差	消力池长 L_1	斜坡段水平长度 L_2	护坦长度 L_3	消力池侧墙高 D	消力池深 d
0.5	6	2.5	0.3	2.0	1.30	0.3
	8	2.5	0.3	2.0	1.30	0.3
	10	2.5	0.3	2.0	1.30	0.3
	12	2.5	0.3	2.0	1.30	0.3
	14	2.5	0.3	2.0	1.30	0.3
1.0	6	3.5	0.35	4.0	1.70	0.35
	8	5.0	0.45	4.0	2.00	0.45
	10	5.0	0.50	4.0	2.00	0.50
	12	5.0	0.50	4.0	2.00	0.50
	14	5.0	0.50	4.0	2.00	0.50
1.5	6	4.0	0.35	6.0	2.10	0.35
	8	5.0	0.45	6.0	2.10	0.45
	10	6.0	0.55	6.0	2.40	0.55
	12	7.5	0.70	6.0	2.80	0.70
	14	7.5	0.70	6.0	2.80	0.70

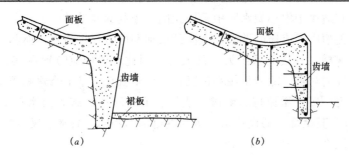

图 6-6　挑流鼻坎的构造
(a) 重力式；(b) 衬护式

　　鼻坎由连接面板及齿墙两部分组成。连接面板是泄槽最末端的一块衬砌板。齿墙有重力式〔图6-6 (a)〕及衬护式〔图6-6 (b)〕两种。前者施工简单，多用在风化严重的岩基或土基上。后者适用于坚硬完整的岩基上，并用锚筋与岩石连接起来。齿墙底部应位于冲刷坑可能影响的高程以下。为防止小流量时贴脚冲刷，影响齿墙安全，可在齿墙脚下加设保护裙板〔图6-6 (a)〕。

　　挑坎上还常设置排水孔和通气孔，如图6-7所示。坎上排水孔可排除反弧段积水；坎下排水孔排除齿墙背面渗水，降低渗透压力。通气孔用来向水舌下补充空气，以保证水舌下面为大气压力。

　　鼻坎的主要尺寸包括挑射角度、反弧半径和鼻坎高程。挑射角 θ 直接影响挑距的大小，一般采用 $\theta \approx 15° \sim 35°$。反弧半径 R 对反弧段流速分布、动水压强分布及下游的衔接均有影响，一般取 $R = (6 \sim 12) h_c$（h_c 为鼻坎上水深）。鼻坎高程定得高些，可缩短溢洪道长度，节省工程造价；鼻坎高程低些，可加大鼻坎出口断面流速，有利于增加挑距，一般要求鼻坎高出下游最高水位 0.5m 以上。

挑流消能的水力计算与溢流重力坝基本相同，具体计算可按 SL 253—2000《溢洪道设计规范》进行。

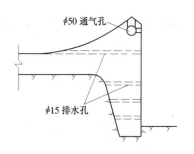

图 6-7 鼻坎的排气孔与通气孔（单位：cm）

五、出水渠

出水渠是将消能后的水流，比较平稳地导入原河道。一般是利用天然的山冲或河沟，必要时加以适当的整理。出水渠的底坡应尽量接近于下游原河道的平均坡度。

第三节 侧槽式溢洪道

一、侧槽式溢洪道的特点和布置

侧槽式溢洪道的特点是：溢流堰大致沿河岸等高线布置，水流经过溢流堰后，泄入与溢流堰轴线大致平行的侧槽后，在槽内转向 90°，然后经泄槽泄往下游。与正槽溢洪道相比较，侧槽溢洪道能在开挖方量增加不多的情况下，采用较大的溢流堰长度，以较小的水头宣泄较大的流量，从而降低水库的洪水位。因此，侧槽溢洪道适于坝址山头较高、岸坡较陡的情况，尤其适用于中小型水库中采用无闸门控制的溢洪道。

由于水流在侧槽中形成横向漩滚，水流的紊动和撞击都很强烈，而侧槽又是在坝头山坡上劈山开挖的深槽，直接关系到大坝的安全。因此，侧槽应布置在完整、坚实的岩基上，要有质量较好的衬砌。除泄量较小情况，一般不宜在土基上修建侧槽溢洪道。

侧槽式溢洪道一般由溢流堰、侧槽、泄槽、消能防冲设施和出水渠等部分组成（图 6-2）。除侧槽外，其余部分的设计与正槽溢洪道基本相同，故本节仅简要介绍侧槽部分。侧槽式溢洪道的纵剖面如图 6-8 所示。

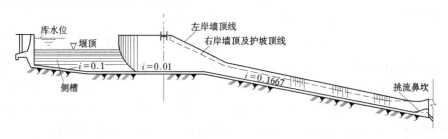

图 6-8 侧槽式溢洪道纵剖面图

二、侧槽尺寸的拟定

（一）侧槽横断面

（1）形状。侧槽横断面的形状宜做成窄深式，这样，槽中有较大的水深，可以使侧向流进的水流充分掺混，转向后形成较平稳的流态，并且窄深断面比宽浅断面开挖方量少。

（2）边坡。侧槽横断面的侧向边坡越陡越节省开挖量，故在满足水流和边坡稳定的条件下，宜采用较陡边坡。根据试验，在溢流堰一侧的边坡可采用 1：0.5～1：0.9；另一侧则可根据岩石的稳定边坡选定，一般为 1：0.3～1：0.5。

（3）断面尺寸。侧槽横断面的大小应根据流量经计算确定。由于侧槽内的流量是沿流向不断增加的，所以侧槽底宽亦应沿水流方向逐渐加大。侧槽始端底宽 b_0 应采用满足施工要求的最小值，末端底宽 b_L 可采用 $b_L=(1.5～4.0)b_0$，一般与泄水槽底宽相同。

（二）侧槽的纵剖面

（1）槽底纵坡。侧槽应有适宜的槽底纵坡以满足泄水能力的要求。由于水流经过溢流堰泄入侧槽时，水股冲向对面槽壁，水流能量大部分消耗于水体间的掺混撞击，对沿侧槽方向的流动并无帮助，完全依靠重力作用向下游流动，所以槽底必须有一定的坡度。槽底坡度的大小，既影响水流状态又影响开挖方量。为使槽内水流平稳均匀，槽中水流应为缓流状态，槽底纵坡宜较平缓。但如果槽底纵坡过缓，将使侧槽上游段水面壅高过多而影响过堰流量。但如果槽底纵坡过陡，又会增加侧槽下游段的开挖深度。如能使槽底纵坡近似平行于水面线，可使槽内流速变化不大，水流平稳。初步拟定时，可采用底坡为0.01～0.05。

（2）槽底高程。为了减小开挖工程量，槽底高程不宜过低，但也不宜过高，必须保证溢流堰为自由出流，以确保溢洪道的泄洪能力。侧槽的底部高程，根据侧槽最高水面线的计算成果，使槽内水面高程满足溢流堰为自由出流和减小开挖量的要求确定。

为了进一步改善侧槽流态，避免槽内的波动水流直接进入泄槽，保证泄槽和消能设施有较好的水力条件，常在侧槽与泄槽之间设水平调整段。调整段一般采用平底梯形断面，长度取 3～4 倍的临界水深。

第七章 水 工 隧 洞

第一节 水工隧洞的类型和工作特点

一、水工隧洞的类型

在水利工程中，为满足发电、供水等各项输水需要而设置的隧洞称为水工隧洞。水工隧洞由进口段、洞身段和出口段三部分组成。其具体作用包括以下几个方面：

（1）配合溢洪道宣泄洪水，有时也可作为主要泄洪建筑物使用。

（2）引水发电或为了灌溉、供水、航运等目的输水。

（3）排放水库泥沙，延长水库使用年限，有利于水电站的正常运行。

（4）放空水库，用于战备或检修建筑物。

（5）在水利枢纽施工期间用来施工导流。

水工隧洞按其工作条件可分为有压隧洞和无压隧洞。发电引水隧洞多数是有压的，其它隧洞则可以是有压的，也可以是无压的，也可以设计成前段是有压的而后段是无压的，要求在运用中应保证水流状态与设计条件一致。但在隧洞的同一段之内，应避免出现时而有压时而无压的明、满流交替状态。

水工隧洞按其功用可分为发电引水隧洞、灌溉和供水隧洞、施工导流隧洞、泄洪隧洞、排沙隧洞和放空隧洞等。

二、水工隧洞的特点

（1）水流特点。高速水流的泄洪洞，对建筑物的体型、水力条件及结构布置均带来一些问题，如考虑不周，极易产生空蚀破坏。因此，在隧洞的体形设计及水流边壁的平整度方面均应予以特别重视。对于容易发生空蚀的部位，还应采用防蚀、抗磨材料或其它防蚀措施。有压隧洞往往承受很大的水压力，若衬砌漏水，压力水将渗入围岩裂隙，形成附加的渗透压力，破坏岩体稳定，因此要求围岩要有足够的厚度。

（2）结构特点。隧洞是在山体中开挖出来的建筑物，其结构性状及受力与围岩密切相关。开挖隧洞后改变了围岩原来的应力平衡状态，引起应力重分布，使围岩产生变形。因此，隧洞中常需设置临时性支护和永久性衬砌以承受山岩压力等荷载。

（3）施工特点。隧洞是地下结构，开挖、衬砌的工作面小，洞线长、工序多、干扰大。因此，虽然隧洞石方工程量不一定很大，但工期往往较长，尤其是兼作导流的隧洞，其施工进度往往控制整个工程的工期。因此，改善施工条件，加快施工进度，提高施工质量，是隧洞施工的重要课题。

第二节 水工隧洞的选线与总体布置

一、隧洞选线

隧洞选线的影响因素很多，如地形、地质条件，水文地质、施工条件等。这里仅介绍隧洞选线时应注意的一般原则。

（1）尽量避开地质条件不良地段。隧洞的路线选择应尽量避开山岩压力大、地下水位高、漏水严重的岩层，以及断层、破碎带和可能滑坡的不稳定地段。当隧洞轴线与岩层面及主要节理裂隙相交时，应尽量成较大夹角。在整体块状结构的岩体中，其夹角不宜小于30°，在层状岩体中，其夹角不宜小于45°。

（2）力求洞线短、水流平顺。隧洞路线应力求短而直，以减少工程费用和水头损失。如由于地形、地质条件和枢纽布置的原因必须转弯时，转弯半径不宜小于5倍的洞径或洞宽，偏转角一般不大于60°，以使弯道水流平顺。对于通过高速水流的无压隧洞，应力求避免在平面上设置曲线段。隧洞的纵向坡度应尽量设置为正坡。有压隧洞一般不陡于1%，且不缓于0.02%～0.05%；无压隧洞应大于临界坡度。

（3）进出口位置合适。隧洞进出口，应选择在岩层风化浅、岩石较坚硬完整、边坡稳定的地段。进出口的水流应平顺对称，避免产生涡流。若拦河坝为土石坝时，隧洞进出口应与土石坝间隔一定距离，以防止水流对上游坝坡和下游坝脚的冲刷。

（4）隧洞应有足够的围岩厚度。隧洞较深的埋置深度，可以充分利用围岩的弹性抗力和减小地震力的影响，以达到减小衬砌厚度的目的。洞身部分一般均埋置较深，其进、出口部位的围岩厚度，一般应达到1倍的洞径或洞宽。但在采取了合理的施工程序和工程措施之后，围岩厚度还可以减小。对于相邻两隧洞间岩体的厚度，一般应有3.0倍的洞径或洞宽；岩体较好时可适当减小，但最小不得小于1.0倍的洞径或洞宽。

（5）应兼顾施工方便。对于长隧洞，洞线的选择还应考虑设置施工竖井或支洞问题，以便于增加开挖工作面，改善施工条件，加快施工进度。

二、水工隧洞的布置

（一）总体布置

（1）根据枢纽任务，确定隧洞是专用或是一洞多用。针对不同要求，结合地形、地质和水流条件拟定进口的位置、高程和相应的布置。

（2）在选定洞线方案的基础上，根据地形、地质等条件选择进口段的结构型式（竖井式、塔式、岸塔式等），确定闸门在隧洞中的布置。

（3）确定洞身的纵向底坡和横断面的形状及尺寸。

（4）根据地形、地质、尾水位和施工条件等确定出口位置和底板高程、选用合理的消能方式。

（二）闸门在隧洞中的布置

泄水隧洞一般都布置两道闸门，一道是工作闸门，用以控制流量，要求能在动水中启闭。一道是检修闸门，设在隧洞进口，当工作闸门或隧洞检修时，用以挡水。隧洞出口如低于下游水位时，也要设检修门。深水隧洞的检修闸门一般需要能在动水中关闭，静水中开启，也称"事故门"。泄水隧洞的闸门位置，相当程度上决定着隧洞的工作条件，因此是隧洞布置的关键问题之一。

水工隧洞的工作闸门可以设在进口、出口或隧洞中的任一适宜位置。下面分别介绍无压隧洞和有压隧洞的闸门布置。

无压隧洞一般将闸门设置在隧洞进口处。按隧洞进口和水面的相对位置，进水口可以分为表孔溢流式和深水式。

(1) 表孔溢流式多属于龙抬头的布置形式（见图 7-1），其作用主要用于泄洪，闸门布置与岸边溢洪道相似，只是由隧洞替代了溢洪道的泄槽，如毛家村、流溪河、冯家山等无压泄洪洞都采用了这种布置方式。

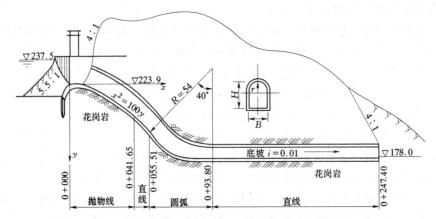

图 7-1　流溪河水电站泄洪隧洞（正堰斜井溢洪道，单位：m）

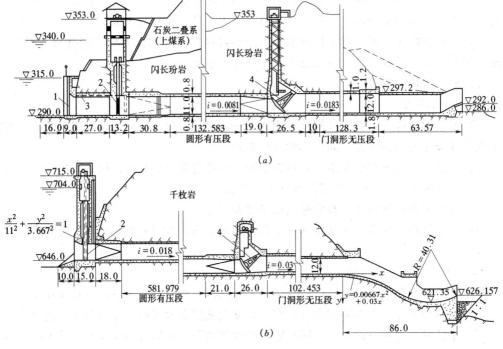

图 7-2　水工隧洞布置实例（单位：m）
(a) 三门峡泄洪排砂洞；(b) 碧口泄洪洞
1—叠梁门槽；2—事故检修门；3—平压管；4—弧形工作门

(2) 深水式进水口也可采用无压泄水隧洞，为保证隧洞内水流为无压状态，闸门后洞顶需高出洞内水面一定高度，并向闸门后通气。其优点是，运行管理方便，易于检查和维

124

修；洞内不受压力水流作用，有利于山坡稳定。缺点是流速大的部位容易发生空蚀。

有压隧洞一般将工作闸门设置在出口处。泄流时洞内流态平稳，工作闸门便于部分开启，控制简单，管理方便。但洞内经常承受较大的内水压力，对山坡的稳定不利，因此对围岩地质条件的要求比无压隧洞高。实际工程中，常在进口设置事故检修闸门，平时可用于挡水，以免洞内长时间承受较大的内水压力。

有些泄水隧洞因受地形、地质和枢纽布置等因素影响，常将工作闸门布置在洞内，使闸门前为有压洞段，闸门后为无压洞段（如图7-2）。我国三门峡、小浪底、碧口、新丰江、鲁布革等泄洪洞都采用了这种布置方式。

第三节　水工隧洞各组成部分的形式及构造

一、进口建筑物的形式

进口建筑物按其布置和结构形式不同，可分为竖井式、塔式、岸塔式和斜坡式等。

（1）竖井式进口。在进口附近的岩体中开挖竖井，井壁一般要进行衬砌，闸门安装在竖井中，井上设置启闭机室，如图7-3所示。这种进口型式结构简单，抗震性能好，安全可靠。缺点是施工开挖困难，门前洞段不易检修。适于地质条件较好的情况。

设置弧形闸门的竖井，井后为无压洞段，井内无水，称为"干井"；有压隧洞设置平面门的竖井，井内有水，称为"湿井"，只有在检修时井内才无水。

（2）塔式进口。当进口处岸坡较缓或地质情况较差时，可采用塔式。塔的型式有封闭式（图7-2）和框架式（图7-4），塔独立于岸坡用钢筋混凝土建造，顶部设操作平台和启闭机室，并通过工作桥与岸边或坝顶相联系。

封闭式塔的水平截面可为圆形、矩形或多角形，可在不同高程设进水口以适应库水位变化，运行可靠，但造价较高。框架式塔的结构较轻，造价较省，但检修不便。

（3）岸塔式进口。岸塔式进口的塔身依靠在开挖后的岸坡上修建，塔身一般稍有倾斜，如图7-5所示。其稳定性比塔式好，造价较经济，施工、安装均比较方便，适于进口处岩石坚硬、稳定，可开挖成近于直立陡坡的情况。

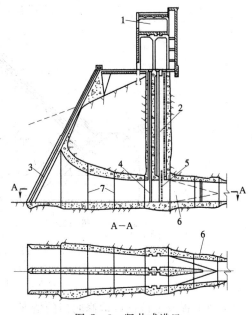

图7-3　竖井式进口

1—启闭机室；2—闸门井；3—拦污栅；4—检修门槽；5—工作门槽；6—渐变段；7—伸缩缝

（4）斜坡式进口。这是一种在较为完整的岩坡上进行平整开挖、衬砌而成的进口结构，闸门轨道直接安装在斜坡衬砌上，如图7-6所示。其优点是结构简单，施工方便，稳定性好，造价较低；缺点是闸门面积要加大，且不易靠自重下降，检修困难。一般只用

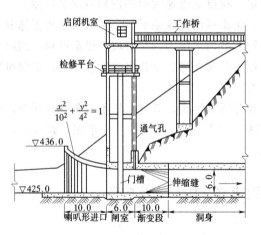

图 7-4 塔式（框架式）进口
（单位：m）

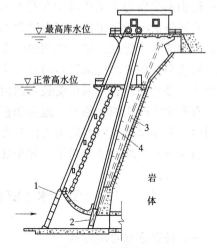

图 7-5 岸塔式进口
1—拦污栅；2—闸门；3—通气孔；4—闸门槽

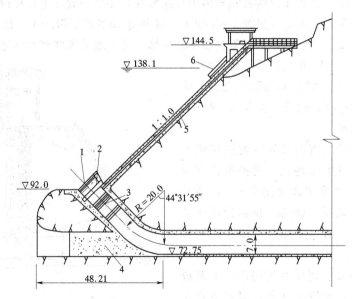

图 7-6 斜坡式进口（单位：m）
1—喇叭口式进水口；2—检修闸门；3—渐变段；
4—堵头；5—通气孔；6—贮门罩

于中小型工程或进口仅设检修闸门的情况。

二、洞身断面形式及构造

（一）洞身断面形式和尺寸

隧洞的断面形式和尺寸，应根据水流状态、地质条件、施工方法、运行要求及作用水头、泄流量等因素综合论证和分析确定。

（1）无压隧洞的断面形式和尺寸。无压隧洞的荷载主要是山岩压力，当垂直山岩压力较大而无侧向山岩压力或侧向很小时，多采用圆拱直墙形（城门洞形）断面，如图 7-7（a）所示，其顶拱中心角在 90°～180°之间。当垂直山岩压力较小时，也可采用小于 90°的顶拱中心角。这种断面结构简单，便于施工和衬砌，断面的宽高比一般为1:1~1:1.5，洞内水位变化较大时，宜采用较小的宽高比。当地质条件较差，侧向山岩压力较大时，宜采用马蹄形或卵形断面 [图7-7（b）、（c）]。当地质条件差或地下水压力很大时，也可采用圆形断面。

无压隧洞的断面尺寸，应根据水力计算确定。低流速的无压洞，若通气条件良好，水面线以上的空间不宜小于隧洞断面积的15%，其净空高度不小于40cm。高流速的无压洞，在掺气水面以上的空间，一般为断面积15%~25%。当采用圆拱直墙形断面时，水面线（高速水流含掺气）不得超过直墙范围。无压隧洞考虑施工要求的最小断面尺寸为：高度不小于1.8m，宽度不小于1.5m；圆形断面的内径亦不小于1.8m。

（2）有压隧洞的断面形式和尺寸。有压隧洞的断面多为圆形 [图7-7（d）]，其水力条件好，适于承受均匀内水压力。当围岩坚硬且内水压力不大时，也可采用更便于施工的非圆形断面。

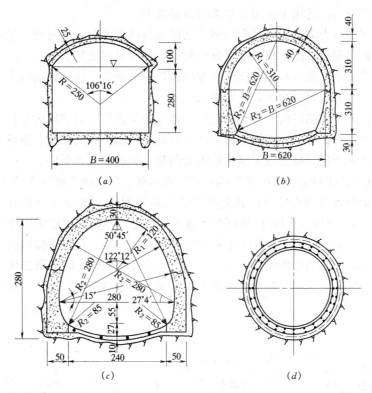

图7-7　洞身断面形状（单位：cm）

有压隧洞的断面尺寸，应根据水力计算确定，主要核算其泄流能力和沿程压波线。泄流能力按管流计算，压波线水头应高于洞顶2m以上。其最小断面尺寸应同时满足施工和检修要求。

（二）隧洞衬砌

1. 衬砌的作用

为了保证水工隧洞安全有效地运行，通常需要对隧洞进行衬砌。衬砌的作用是：①承受山岩压力、水压力等荷载；②加固和保护围岩，使围岩长期保持稳定，免受破坏；③减小隧洞表面糙率，减小水头损失；④防止渗漏。

2. 衬砌的类型

（1）平整衬砌。当围岩坚固、内水压力不大时，用混凝土、喷浆、砌石等做成平整的护面。它不承受荷载，只起减小糙率、防止渗水、抵抗冲蚀、防止风化等作用。平整衬砌可以只在水流湿周范围内衬砌。只为降低糙率的衬砌，平均厚度约为 0.15m 即可；若有防冲、抗渗要求时，则衬砌厚度应为 0.2～0.3m。

（2）混凝土、钢筋混凝土衬砌。当围岩坚硬、内水压力不大时，可采用混凝土衬砌。当承受较大荷载或围岩条件较差时，则应采用钢筋混凝土衬砌。衬砌的厚度（不包括围岩超挖部分）应根据计算和构造要求确定。其最小厚度，混凝土和单层钢筋混凝土衬砌不小于 25cm，双层钢筋混凝土衬砌不小于 30cm，强度等级不宜低于 C15。

（3）预应力衬砌。预应力衬砌是对混凝土或钢筋混凝土衬砌施加预压应力，以抵消内水压力产生的拉应力，适用于作用高水头的圆形隧洞。

最简单的预加应力方法是向衬砌与围岩之间进行压力灌浆，使衬砌产生预压应力。为了保证灌浆效果，围岩表面应用混凝土进行修整，并与衬砌之间留有 2～3cm 的空隙，以便灌浆。浆液应采用膨胀性水泥，以防干缩时预压应力降低。这种预加应力方法要求围岩比较坚硬完整，必要时可先对围岩进行固结灌浆。

（4）喷锚衬砌。喷锚衬砌是指利用锚杆和喷混凝土进行围岩加固的总称。由于喷射混凝土能紧跟掘进工作面施工，缩短了围岩的暴露时间，使围岩的风化、潮解和应力松弛等不致有大的发展，所以，喷混凝土施工给围岩的稳定创造了有利条件。

1）锚杆支护是用特定形式的锚杆锚定于岩石内部，把原来不够完整的围岩固结起来，从而增加围岩的整体性和稳定性。其对围岩的加固原理可归结为三个方面：一是悬吊作用，如图 7-8（a）所示，用锚杆将可能塌落的不稳定岩体悬吊在稳定岩体上；二是组合作用，如图 7-8（b）所示，用锚杆将层状岩体结合在一起，形成类似的组合梁，增加其抗弯和抗剪能力；三是固结作用，如图 7-8（c）所示，不稳定的断裂岩块在许多锚杆作用下固结起来，形成一个有支撑能力的岩石拱。对一具体隧洞而言，这三种作用往往是综合发生的。

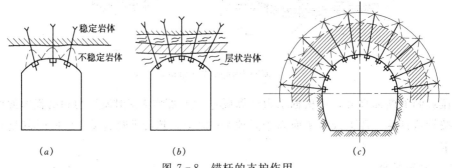

图 7-8　锚杆的支护作用

锚杆本身有各种形式，较常用的是楔缝式钢锚杆（即锚杆的嵌入端开有长约 160～200mm，宽约 3～5mm 的缝）。施工时先按预定位置进行钻孔，孔径略大于锚杆直径；然后在孔中插入锚杆和楔子。当楔子顶部触及孔底岩石时，在外端撞击锚杆，楔子即逐渐挤入杆端楔缝中而使端部张开。通过风钻对锚杆外端螺帽的不断冲击，就使楔缝更加被挤张而嵌入孔壁岩石中，而杆端即已牢牢锚着。最后通过拧紧螺母，对锚杆张拉，施加一定的预压应力。为防锚杆锈蚀，通常还在锚杆锚定后，通过预留灌浆管向孔内灌注水泥沙浆。灌浆时孔内空气经排气管排出。为减少浆液凝固时的收缩，可掺入微量铅粉。钢锚杆一般直径 16～28mm，长 2～4m，钢楔子长 15～23cm。

2）喷混凝土支护的主要作用是：充填岩体表面张开的裂隙，使岩结成整体；填补不平整表面，缓和应力集中；保护岩体表面，阻止岩块松动。喷混凝土施工时，应先撬除危石，清洗岩面，然后喷一层厚约 1cm 的小水灰比的水泥砂浆或厚约 2～3cm 的富水泥混凝土。喷完上述底层后，即可分次喷混凝土，每次厚 3～8cm。如同时采用锚杆，则可在第一层混凝土喷完后设置，必要时还可加设钢筋网，然后再喷第二、三层，直至达到预定设计厚度。喷混凝土衬砌的厚度一般不小于 5cm，最大不宜超过 20cm。

锚喷支护是 20 世纪 50 年代配合新奥法（新奥地利隧洞工程施工方法的简称）逐渐发展起来的一项新技术。它的基本概念是将隧洞四周的围岩作为承载结构的主要部分来考虑，而不是把围岩单纯作为荷载考虑。新奥法的基本原理是：①支护要适时，即在支护受力最小的时候进行支护；②支护刚度要适中，使围岩与支护在共同变形过程中取得稳定，刚柔度适宜；③支护应与围岩紧贴，以保证支护与围岩共同工作。

工程实践证明，采用新奥法施工可以减少混凝土衬砌量，不用模板，施工安全，造价降低，是一种多、快、好、省的施工方法。但需注意研究内外水压力、抗渗、允许流速以及糙率等问题。

3. 衬砌的构造

（1）衬砌的分缝和止水。在混凝土及钢筋混凝土衬砌中，一般设有永久性的横向变形缝和施工工作缝。

变形缝是为防止不均匀沉陷而设置，其位置应设于荷载大小、断面尺寸和地质条件发生变化之处。如洞身与进口或渐变段接头处以及断层、破碎带的变化处，均需设置变形缝，缝内贴沥青油毡并做好止水。在断层、破碎带处，还应增加衬砌厚度并配置钢筋，其构造如图 7-9 所示。

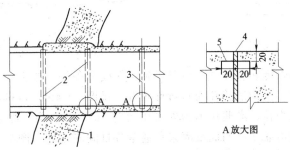

图 7-9　隧洞衬砌的伸缩沉陷缝（单位：cm）

1—断层破碎带；2—伸缩沉陷缝；3—伸缩缝；
4—填缝沥青油毡；5—止水片

围岩地质条件比较均一的洞身段，可只设置施工缝。施工缝有纵向与横向的两种。横向施工缝间距一般为6～12m，底板和边墙、顶拱的缝面不得错开。无压隧洞的横向施工缝，一般可不做特殊处理。对有压隧洞和有防渗要求的无压隧洞，横向施工缝应根据具体情况采取必要的接缝处理措施。

纵向工作缝的位置及数目则应根据结构型式及施工条件决定，一般应设在内力较小的部位。图7-10所示为陆浑水库无压泄洪隧洞衬砌的分缝、分块情况。图7-10（b）中1、2、3、4为分块浇筑的顺序编号。无论是无压洞还是有压洞，其纵向施工缝均须凿毛处理，还可设一些插筋以加强其整体性，必要时还可设置止水片（图7-11）。

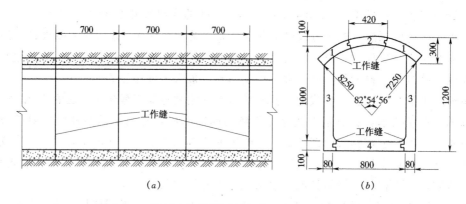

图7-10 陆浑水库泄洪洞衬砌施工分缝（单位：cm）

（2）灌浆、防渗与排水。为了充填衬砌与围岩之间的缝隙，改善衬砌结构传力条件和减少渗漏，常进行衬砌的回填灌浆。一般是在衬砌施工时顶拱部分预留灌浆管，待衬砌完成后，通过预埋管进行灌浆，如图7-12所示。回填灌浆的范围一般在顶拱中心角90°～120°以内，孔距和排距一般4～6m，灌浆压力为200～300kPa。

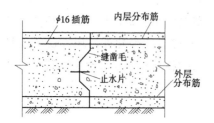

图7-11 衬砌的纵向工作缝

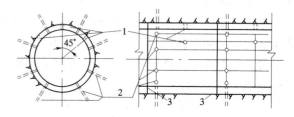

图7-12 灌浆孔布置图
1—回填灌浆孔；2—固结灌浆孔；3—伸缩缝

为了提高围岩的强度和整体性，改善衬砌结构受力条件，减少渗漏，隧洞衬砌后还常对围岩进行固结灌浆。固结灌浆孔通常对称布置，排距2～4m，每排不少于6孔。孔深一般约为1.0倍的隧洞半径，灌浆压力为内水压力的1.5～2.0倍。灌浆时应加强观测，防止洞壁变形破坏。回填灌浆孔与固结灌浆孔通常分排间隔排列（图7-12）。

当地下水位较高时，外水压力可能成为无压隧洞的主要荷载之一，为此可采取排水措施以降低外水压力。

无压隧洞的排水，可在洞内水面高程以上设置排水孔来实现，如图7-13所示。孔距和排距2～4m，孔深2～4m。应注意排水钻孔应在灌浆之后进行，以防堵塞。当无压隧洞边墙很高时，也可在边墙背后水面高程以下设置暗的环向及纵向排水系统。

有压隧洞一般不设排水。确有必要设置排水时，也只能采用环向、纵向排水暗管，环向暗排水可用砾石铺成，每隔 6～8m 设一道，收集的渗水汇集后由衬砌下部的纵向排水暗管（例如无砂混凝土管）排向下游。

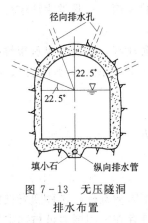

图 7-13 无压隧洞
排水布置

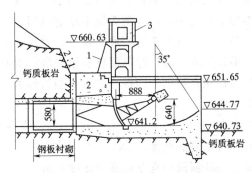

图 7-14 有压隧洞出口构造（单位：m）
1—钢梯；2—混凝土块压重；3—启闭机操纵室

三、出口段构造

有压泄水隧洞的出口常设有工作闸门及启闭机室，闸门前设有渐变段，闸门后设有消能设施（图 7-14）。无压泄水洞的出口构造主要是消能设施。

泄水隧洞出口水流的特点是单宽流量集中，所以常在隧洞出口外设置扩散段，使水流扩散，单宽流量减小，然后再以适宜的方式进行消能。泄水隧洞常用的消能方式有挑流消能和底流消能。当出口高程高于或接近于下游水位，并且下游水深和地质条件适宜时，应优先选用挑流消能。

底流式消能具有工作可靠、对下游水面波动影响范围小的优点，所以应用较多。消力池的宽度和深度可按水力学方法计算，水流出洞后的扩散连接段，水平向可采用 1：6～1：8，垂直向宜采用水流质点的抛物轨迹线与消力池连接。

第四节 隧洞的衬砌计算

一、隧洞衬砌上的荷载

1. 荷载类型

作用在衬砌上的荷载，按其作用状况可分为基本荷载和特殊荷载两类。

（1）基本荷载。长期或经常作用在衬砌上的荷载。包括衬砌自重、围岩压力、预应力、设计条件下的内水压力（包括动水压力）和稳定渗流条件下的外水压力。

（2）特殊荷载。出现机遇较少的不经常作用在衬砌上的荷载。包括地震作用、校核水位时的内水压力（包括动水压力）和相应的外水压力、施工荷载、灌浆压力以及温度作用等。

2. 主要荷载计算

（1）围岩压力。隧洞开挖并衬砌后由于围岩变形而产生的作用在衬砌上的力称围岩压力。可能的围岩压力主要有两种：①作用于衬砌顶部的垂直围岩压力；②作用于衬砌两侧的侧向围岩压力。

计算围岩压力的方法很多，但目前工程中常用的方法主要有自然平衡拱法和经验法。这里仅介绍较为实用的经验法。

SL 279—2002《水工隧洞设计规范》建议，根据不同的围岩类别采用不同的方法估计围岩压力。该规范规定，水工隧洞的围岩分类应按 GB 50287—1999《水利水电工程地质勘测规范》将其分为五类：Ⅰ类为稳定围岩；Ⅱ类为基本稳定围岩；Ⅲ类为稳定性差的围岩；Ⅳ类为不稳定围岩；Ⅴ类为极不稳定围岩。

SL 279—2002《水工隧洞设计规范》建议，对于自稳条件好，开挖后变形很快稳定的围岩，可不计围岩压力；对薄层状和碎裂散体结构的围岩（Ⅲ、Ⅳ、Ⅴ类围岩），可按下列公式计算作用在衬砌上的垂直和水平围岩压力。

水平方向 $\qquad q_v = (0.2 \sim 0.3)\gamma_1 b$ （7-1）

垂直方向 $\qquad q_h = (0.05 \sim 0.1)\gamma_1 h$ （7-2）

式中 γ_1——围岩的重度，kN/m^3；

b、h——隧洞洞顶宽度和开挖高度，m。

（2）弹性抗力。在荷载作用下，衬砌向外变形时受到围岩的抵抗，这种围岩抵抗衬砌变形的作用力，称为弹性抗力。弹性抗力是一种被动力，其存在表明围岩可与衬砌共同承受荷载，从而减小衬砌内力，对衬砌的工作状态是有利的。因此，充分估计围岩的弹性抗力，对减少衬砌工程量有很大作用。

（3）内、外水压力。内水压力是有压隧洞衬砌上的主要荷载。当围岩坚硬完整，洞径小于 6m 时，可只按内水压力进行衬砌的结构设计。内水压力可根据隧洞压力线或洞内水面线确定。在有压隧洞的衬砌计算中，常将内水压力分为均匀水压力和无水头洞内满水压力两部分，分别进行计算。对于无压隧洞的内水压力则由洞内的水面线来计算。

外水压力的大小取决于水库蓄水后形成的地下水位线，由于地质条件的复杂性，很难准确计算。一般来说，常假设隧洞进口处的地下水位线与水库正常挡水位相同，在隧洞出口处与下游水位或洞顶齐平，中间按直线变化。考虑到地下水渗流过程的水头损失，工程中实际取用外水压力的数值应等于地下水的水头乘以折减系数 β。根据 SL 279—2002《水工隧洞设计规范》规定，依地下水活动状态和对围岩稳定的影响，β 取值在 $0 \sim 1.0$ 之间。设计中，当与内水压力组合时，外水压力常用偏小值；当隧洞放空时，采用偏大值。

除上述主要荷载外，隧洞衬砌上还作用有灌浆压力、温度荷载和地震荷载等。灌浆压力、温度荷载可通过施工措施和构造措施解决；地震荷载计算按 SL 203—1997《水工建筑物抗震设计规范》规定执行。

二、荷载组合

衬砌计算时，应根据荷载特点及基本荷载与特殊荷载同时出现的可能性，按不同情况进行组合。设计中常用的组合有：

（1）正常运用情况。围岩压力＋衬砌自重＋宣泄设计洪水时的内水压力＋外水压力。

（2）施工、检修情况。围岩压力＋衬砌自重＋可能出现的最大外水压力。

（3）非常运用情况。围岩压力＋衬砌自重＋宣泄校核洪水时的内水压力＋外水压力。

正常运用情况属于基本组合，用以设计衬砌的厚度、配筋量和强度校核，其它情况用作校核。工程中视隧洞的具体运用情况还应考虑其它荷载组合。

三、圆形有压隧洞的衬砌结构计算

圆形有压隧洞衬砌的主要荷载是内水压力，应慎重而充分地利用围岩弹性抗力。衬砌内力计算时一般先按各种荷载单独作用，分别求出弯矩和轴力，而后据可能的荷载组合将弯矩、轴力各自叠加得组合内力结果。有了内力即可计算衬砌厚度、校核衬砌强度，并进行配筋和构造设计。

（一）均匀内水压力作用下圆形隧洞衬砌计算

当围岩符合考虑弹性抗力的条件时，衬砌在均匀内水压力 p 作用下，与围岩接触的衬砌外壁上必将产生均匀的弹性抗力 p_0，如图 7-15 所示。在图示荷载作用下，根据弹性力学理论先求出圆形衬砌外缘的径向变位，并将该变位代入式（7-2），可得弹性抗力为

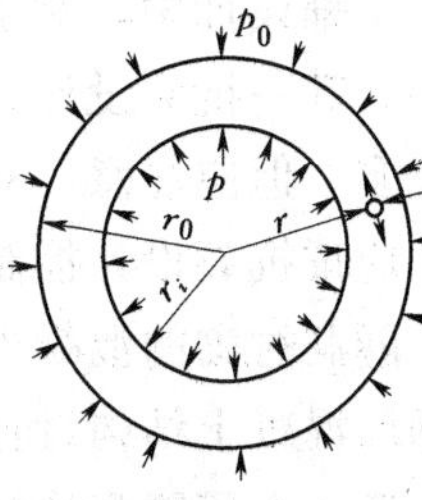

$$p_0 = \frac{1-A}{t^2-A}p \qquad (7-3)$$

$$A = \frac{0.01E - (1+\mu)K_0}{0.01E + K_0(1+\mu)(1-2\mu)} \qquad (7-4)$$

图 7-15　均匀内水压力
作用下圆形衬砌计算

式中　E、μ——衬砌混凝土材料的弹性模量和泊松比；

　　　　t——衬砌的外半径与内半径之比，即 $t = r_0/r_i$；

　　　　K_0——开挖半径 100cm 时的弹性抗力系数（$K_0 = Kr_0/100$）。

衬砌的内外荷载 p 与 p_0 求得后，按弹性力学理论可进一步得出圆形衬砌内外边缘处的切向应力

内缘应力 $\qquad\qquad\qquad\qquad \sigma_i = \frac{t^2+A}{t^2-A}p \qquad\qquad\qquad (7-5)$

外缘应力 $\qquad\qquad\qquad\qquad \sigma_e = \frac{1+A}{t^2-A}p \qquad\qquad\qquad (7-6)$

衬砌应力沿壁厚呈直线分布，知道 σ_i、σ_e 后，即可合成衬砌的轴力 N 和弯矩 M。为求衬砌厚度，可用混凝土的轴心抗拉允许强度 f_t 代替 σ_i，由式（7-5）得到

$$h = r_i\left[\sqrt{A\frac{f_t+p}{f_t-p}} - 1\right] \qquad (7-7)$$

隧洞衬砌厚度一般应满足：单层钢筋混凝土衬砌厚度不小于 250mm，双层钢筋混凝土衬砌厚度不小于 300mm。

（二）其它荷载作用下的圆形隧洞衬砌计算

圆形断面的隧洞衬砌在围岩压力、衬砌自重、洞内满水（无水头）压力等荷载作用下，如果围岩较好，也应考虑弹性抗力作用。计算时，常先假定沿衬砌周边的弹性抗力分布规律，然后用结构力学方法求解衬砌内力。

由于围岩压力、衬砌自重、洞内满水（无水头）压力都是左右对称的荷载，在这些荷载作用下，其弹性抗力也应是左右对称。这样，就可以取圆形衬砌的半结构为计算简图，利用结构力学方法分别求出各荷载作用下的衬砌各断面的弯矩 M 和轴力 N。

当地质条件较差，岩石软弱破碎，或外水压力很大，或洞内无水时，隧洞的衬砌计算则不能考虑弹性抗力。

（三）圆形隧洞的衬砌结构设计

根据隧洞沿线地质条件及衬砌受力条件变化情况进行分段，每段取代表断面，按上述方法计算出各种荷载作用下的内力 M、N 后，可得到各荷载组合下的组合内力。

一般有压隧洞，内水压力是主要控制荷载，当内水压力较大时，衬砌受力情况多属小偏心受拉，可以布置同一直径的环向受拉钢筋。如洞径、围岩压力均较大，而内水压力相对较小，则各断面弯矩变化较大，应力分布不均匀。此时应按应力情况分段配筋，内层和外层可选配不同直径的钢筋。

工程设计中，对于混凝土或钢筋混凝土衬砌，还要考虑抗裂要求，目前存在两种设计方法，其一抗裂设计；其二限制裂缝开展宽度设计。后者在经济上能节约很多投资，故应用较多。但应注意，对于衬砌裂缝渗水可能导致围岩失稳或导致危害相邻的其它建筑物时，应按抗裂设计控制。

隧洞衬砌的混凝土和钢筋混凝土强度计算和抗裂、限裂验算，仍按 SDJ 120—78《水工钢筋混凝土结构设计规范（试行）》的规定进行。

四、无压隧洞的衬砌结构计算

无压隧洞衬砌上的主要荷载是围岩压力、衬砌自重和外水压力。内水压力一般很小，可以忽略不计。但由于围岩压力难以精确确定，所以由此设计出的隧洞衬砌还应结合实际情况，通过工程类比最后确定。

初步拟定衬砌厚度时，根据地质条件，可采用隧洞宽度的 1/5～1/10，但不得小于结构要求的最小尺寸。

有的无压隧洞可只在顶拱部分设受力衬砌以承受垂直围岩压力，而边墙和底板只做平整衬砌或不做衬砌。这种衬砌的拱圈一般比较平，岩石对拱圈端部产生的弹性抗力不大，可不考虑其影响。为简化计算，常将衬砌自重化为均布荷载与围岩压力合并在一起计算。计算时，假定拱座弹性固结于岩石上，认为拱座垂直于地基面的变位 δ 与法向力 p_0 成正比，即 $p_0 = K\delta$，此处 K 为岩层的弹性抗力系数。计算简图如图 7-16 所示。

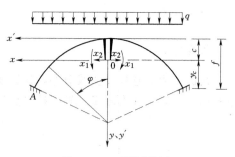

图 7-16 顶拱计算图

对于城门洞形和马蹄形隧洞，其衬砌多采用封闭式整体衬砌。为了便于计算，一般从边墙和底板的结合处将衬砌切开，分别对墙拱和底板两个部分进行计算，但要考虑其间的弹性连接作用，并将底板作为弹性地基上的梁计算。

无压隧洞衬砌结构的具体计算，可参阅有关教材或设计手册。

第五节　坝　下　涵　管

一、涵管的类型、特点和位置选择

（一）坝下涵管的类型和特点

水利工程中，常在土坝或土石坝下面埋设管形过水建筑物，称为坝下涵管。

涵管按其过流形态可分为：具有自由水面的无压涵管；满水的有压涵管；闸门前段满水但门后具有自由水面的半有压涵管。其管身断面形式有圆形、圆拱直墙形（城门洞形）、箱形等。涵管材料一般为预制或现浇混凝土和钢筋混凝土。

坝下涵管具有结构简单，施工方便，造价较低等优点，故在土石坝挡水的小水库中应用较多。但其缺点是库水易沿管壁与填土之间的接触面产生集中渗流，危及大坝安全。因此，在施工时必须高度重视施工质量。

（二）涵管的位置选择

（1）地质条件。应尽可能将涵管设在岩基上。坝高在 10m 以下时，涵管也可设于压缩性小、均匀而稳定的土基上。但应避免部分是岩基，部分是土基的情况。

（2）地形条件。涵管应选在与进口高程相适宜的位置，以免过多地挖方。涵管进口高程的确定，应考虑运用要求、河流泥沙情况及施工导流等因素。

（3）运用要求。引水灌溉的涵管，应布置与灌区同岸，以节省费用；两岸均有灌区，可在两岸分设涵管。涵管最好与溢洪道分设两岸，以免水流干扰。

（4）管线宜直。涵管的轴线应为直线并与坝轴线垂直，以缩短管长，使水流顺畅。若受地形或地质条件的限制，涵管必须转弯时，其弯曲半径应大于管径的 5 倍。

二、涵管的布置与构造

（一）涵管的进口形式

小型水库的坝下涵管，大多数是为灌溉引水而设，常用的型式如下。

（1）分级斜卧管式。这种型式是沿山坡修筑台阶式斜卧管，在每个台阶上设进水口，孔径 10～50cm，用木塞或平板门控制放水。卧管的最高处设通气孔，下部与消力池或消能井相连（图 7-17）。该型式进水口结构简单，能引取温度较高的表层水灌溉，有利于作物生长。缺点是容易漏水，木塞闸门运用管理不便。

（2）斜拉闸门式。该型式与隧洞的斜坡式进水口相似，如图 7-18 所示。其优缺点与隧洞斜坡式进水口相同。

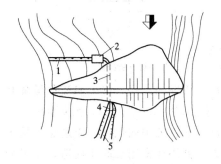

图 7-17　分级式卧管
1—卧管；2—消力池；3—坝下
涵管；4—消力池；5—渠道

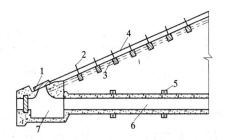

图 7-18　斜拉闸门式
1—斜拉闸门；2—支柱；3—通气孔；4—拉杆
5—截渗环；6—涵管；7—消能井

（3）塔式和井式进水口。该型式适于水头较高、流量较大、水量控制要求较严的涵管，其构造和特点与隧洞的塔式进口基本相同。井式进口是将竖井设在坝体内部，如图 7-19 所示，以位置 II 为佳。位置 I，如竖井和涵管的接合处漏水，将使坝体浸润线升高，而且竖井上游段涵管检修不便。位置Ⅲ，竖井稳定性差，实际已成塔式结构。竖井应设于防渗心墙上游，以保证心墙的整体性。

（二）管身布置与构造

（1）管座。设置管座可以增加管身的纵向刚度，改善管身的受力条件，并使地基受力均匀，所以管座是防止管身断裂的主要结构措施之一。管座可以用浆砌石或低标号混凝土做成，厚度一般为 30～50cm。管座和管身的接触面成 90°～180°包角，如图 7-20 所示。接触面上涂以沥青或设油毛毡垫层，以减少管身受管座的约束，避免因纵向收缩而裂缝。

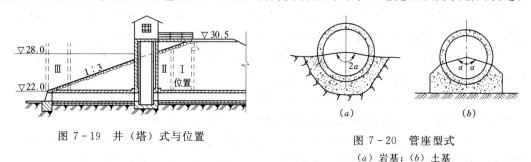

图 7-19 井（塔）式与位置　　　　图 7-20 管座型式
　　　　　　　　　　　　　　　　　（a）岩基；（b）土基

（2）伸缩缝。土基上的涵管，应设置沉陷缝，以适应地基变形。良好的岩基，不均匀沉陷很小，可设温度伸缩缝。一般将温度伸缩缝与沉陷缝统一考虑。对于现浇钢筋混凝土涵管，伸缩缝的间距一般为 3～4 倍的管径，且不大于 15m。当管壁较薄设置止水有困难时，可将接头处的管壁加厚，如图 7-21 所示。对于预制涵管，其接头即为伸缩缝，多用套管接头，如图 7-21（c）所示。

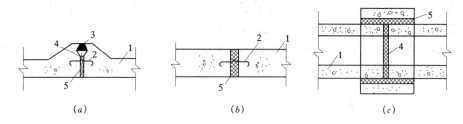

图 7-21 伸缩缝的构造
1—管壁；2—止水片；3—二期混凝土；4—沥青填料；5—二层油毡三层沥青

（3）截渗环。为防止沿涵管外壁产生集中渗流，加长管壁的渗径，降低渗流的坡降和减小流速，避免填土产生渗透变形，通常在涵管外侧每隔 10～20m 设置一道截渗环。土基上的截渗环不宜设在两节管的接缝处，而应尽量靠近每节管的中间位置，以避免不均匀沉降引起破坏。岩基上的截渗环可设在管节间的接缝处。截渗环常用混凝土建造，布置如图 7-18 所示。

（4）涵衣。为了更有效地防止集中渗流，通常沿管线在涵管周围铺一层 1～2m 厚的粘土作为防渗层，该防渗层称为涵衣。对于浆砌石涵管，设置涵衣不仅能够防止集中渗流，还能增强管壁的横向防渗能力。

（三）涵管的出口布置

坝下涵管通常流量不大，水头较低，多采用底流式消能。

第八章 渠系建筑物

第一节 渠系建筑物的分类、功用及特点

一、渠系建筑物的分类与功用

在渠道上修建的各种类型的建筑物，统称渠系建筑物。按功用主要分为以下几种：

（1）配水建筑物。其作用是控制水位、调节流量、满足各级渠道用水要求，如分水闸、节制闸等。

（2）交叉建筑物。当渠道跨越河沟、洼地、公路或渠道与渠道交叉时，需修建交叉建筑物以跨越障碍，输送水流，如渡槽、倒虹吸管、桥梁、涵洞等。设计时应根据运用要求及地形、地质、水文等具体情况，择优选用。

（3）落差建筑物。当渠道通过坡度较大的地段时，为了避免大的填方和挖方，需修建落差建筑物来连接上下游渠道，调整渠底纵坡。如跌水和陡坡。

二、渠系建筑物的特点

（1）面广量大、总投资多。在一个灌区或一条渠道上，渠系建筑物的数量是很大的。虽然单个渠系建筑物的规模一般并不大，但由于分布面广，数量多，它的总投资额往往比渠首枢纽工程的投资要大。

（2）便于定型设计和采用预制装配式结构。同一类型建筑物的工作条件、结构型式、构造尺寸较为近似，因此，在一个灌区内可以较多地采用同一结构型式和施工方法，采用定型设计和预制装配式结构，简化设计和施工程序，保证工程质量、加快施工进度。

第二节 渡槽的水力计算

渡槽水力计算的主要任务是确定渡槽的布置形式、尺寸和高程。计算步骤是：按满水通过最大流量拟定适宜的槽身纵坡 i 和净宽 b、净高（槽内水深）h 值；根据设计流量计算渡槽的总水头损失值 Δz，如 Δz 等于或略小于规划给定的允许水头损失值，则可最后确定 i、b、h 值；否则，应修改 i、b、h 值，重新计算直至满足要求。

一、渡槽纵坡的拟定

在相同流量下，纵坡大，槽身断面就小，可减少工程量；但纵坡过大，水头损失大，将减少下游自流灌溉面积，还可能使出口渠道受到冲刷。因此，应确定一个适宜的纵坡，既能满足灌溉水头的规划要求，又能降低工程造价。一般常采用的纵坡为 $1/500 \sim 1/2000$。

二、槽身横断面尺寸的确定

槽身过水断面的尺寸，一般按渠道的设计流量设计，按加大流量校核。槽身过水断面

按水力学公式计算。当槽身长度 $L \geqslant (15 \sim 20) h$ 时,按明渠均匀流公式计算;当 $L < (15 \sim 20) h$ 时,按淹没宽顶堰公式计算。槽身过水断面的宽深比(b/h)不同,槽身的工程量也不同,为使工程经济,应选适宜的宽深比。工程中常用的宽深比为 $b/h = 1.25 \sim 1.67$。

渡槽应有一定的超高以防止风浪或其它原因引起槽顶溢流,按建筑物的等级和过流量不同,超高 Δh 可选用 $0.2 \sim 0.6$m。

三、水头损失验算

水流通过渡槽时,由于克服沿程和局部阻力以及水流能量的转化,都会产生水头损失,渡槽水流的水面线如图 8-1 所示。

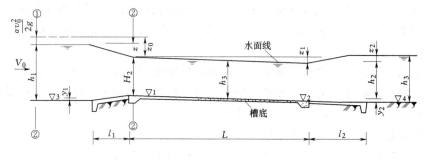

图 8-1 渡槽水力计算示意图

(1)进口水面降落由下式计算:

$$z = \frac{Q^2}{(\sigma \phi \omega \sqrt{2g})^2} - \frac{v_0^2}{2g} \tag{8-1}$$

式中 ω——过水断面积,m^2;

σ、ϕ——渡槽进口侧收缩系数和流速系数,均可取 $0.90 \sim 0.95$;

v_0——上游渠道的流速,m/s。

(2)槽身沿程水头损失为

$$z_1 = iL \tag{8-2}$$

(3)出口水面升高值可取进口水头损失值的 1/3,即

$$z_2 = \frac{1}{3} z \tag{8-3}$$

(4)渡槽的总水头损失值为

$$\Delta z = z + z_1 - z_2 \tag{8-4}$$

如果计算所得的 Δz 等于或略小于规划中允许水头损失时,则拟定的槽底纵坡和槽身断面即可确定。否则,应重新拟定 i 和 b、h 值,直至满足要求为止。

四、渡槽进出口底部高程的确定

为使渡槽上、下游渠道的水流平顺,渡槽进出口底板高程按以下方法计算:

进口抬高值: $y_1 = h_1 - z - h_2$

出口降低值: $y_2 = h_3 - z_2 - h_2$

进口槽底高程: $\nabla_1 = \nabla_3 + y_1$

出口槽底高程： $\qquad \nabla_2 = \nabla_1 - z_1$

出口渠底高程： $\qquad \nabla_4 = \nabla_2 - y_2$

第三节　渡槽的型式、布置和构造

一、渡槽的型式与总体布置

渡槽是渠道跨越河、沟、渠、路或洼地时修建的输水建筑物。当渠道绕线或高填方方案不经济时，往往优先考虑使用渡槽方案。

（一）渡槽的型式与分类

渡槽由进出口连接段、输水槽身、支承结构、基础等部分组成，如图8-2所示。

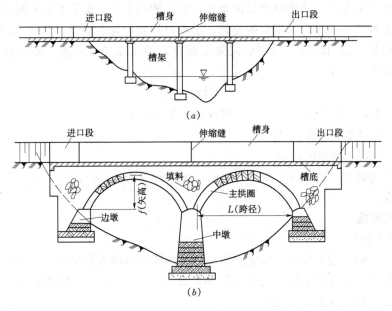

图8-2　渡槽组成示意图
(a) 梁式渡槽；(b) 拱式渡槽

渡槽按支承结构型式主要分为梁式和拱式两大类。若按建筑材料则可分为木渡槽、砌石渡槽、混凝土及钢筋混凝土渡槽等；按施工方法可分为现浇整体式、预制装配式及预应力渡槽等；按槽身断面结构形式又可分为矩形、U形、梯形及圆管形渡槽等。

（二）渡槽的总体布置

渡槽的总体布置主要包括槽址的选择、结构选型、进出口段的布置。

（1）槽址的选择。包括选定渡槽的轴线及槽身起止点的位置。对地形、地质条件复杂的大中型渡槽，槽址则应经过方案比较选定。主要应考虑以下几个方面。

1）槽址地形、地质条件良好，便于施工。尽量使槽身长度最短，墩架高度最低，基础工程量最小，总投资最少。

2）进出口段尽可能落在挖方渠道上。其平面布置，应尽量与槽身成直线，避免急转弯。如两端为填方渠道，填方不宜过长，以免束窄河床而壅水，影响正常使用。

3）跨越河流的渡槽，槽址应选在河床稳定、水流顺直处。其轴线与河道水流方向尽量正交；有通航要求时，槽下应有足够的净空，保证通航。

4）尽量少占农田，减少拆迁。

（2）渡槽的结构选型。一般中小型渡槽，可采用一种类型的单跨或等跨渡槽；对地形地质条件复杂，而长度较大的渡槽，可根据槽身距地面高度的变化情况，选用两种或三种跨度和不同的结构型式。渡槽结构型式选择和分跨，一般应考虑以下问题：

当渡槽跨越窄深的山谷、河道，其两岸地质条件较好时，宜采用大跨度的单跨拱式渡槽；若属地形平坦，渡槽不高时，宜采用梁式渡槽；当河道较宽，河滩地形平缓，而河槽水深流急，水下施工困难时，可在河槽部分采用大跨度拱式渡槽，而在滩地采用梁式或中小跨度拱式渡槽。当地基承载能力较低时，应采用轻型结构或减小跨度。

（3）进出口的布置。渡槽进出口的布置，应使槽内水流与渠道水流平顺衔接，减少水头损失，防止冲刷。由于过水断面的变化，进出口均需设置渐变段，渐变段的形状以扭曲面水流条件较好，应用较多。八字墙式施工简单，但水流条件较差。渐变段的长度 L_j，可由以下经验公式确定：

$$L_j = C(B_1 - B_2) \tag{8-5}$$

式中　C——系数，进口取 1.5～2.0，出口取 2.5～3.0；

　　　B_1——渠道水面宽度，m；

　　　B_2——渡槽水面宽度，m。

对于中小型渡槽，进口段可取 $L_j \geqslant 4h_1$，出口段取 $L_j \geqslant 6h_2$。式中 h_1、h_2 分别为进、出口渠道水深。

二、梁式渡槽

（一）槽身结构

（1）槽身结构布置及构造。梁式渡槽的槽身搁置在槽墩或排架上。槽身纵向一般有两个支点，根据支点位置的不同，又分为简支梁式［图 8-2（a）］和悬臂梁式。悬臂梁式又有双悬臂和单悬臂两种，如图 8-3 示。

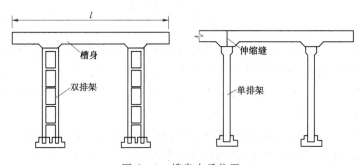

图 8-3　槽身支承位置

简支梁式结构简单、施工吊装方便，伸缩缝的止水构造简单可靠。缺点是跨中弯矩较大，对抗裂防渗不利。双悬臂梁式又分为等弯矩双悬臂和等跨度双悬臂，前者跨中弯距和支座弯矩相等，该形式的跨中弯矩虽然比简支梁式的最大弯矩减小很多，但需配置上下受力筋和构造筋，不一定经济，且由于跨度不等，对墩架工作不利，已较少采用。后者跨中弯矩为零，底板全部处于受压区，对抗裂有利，故其跨度可增大，每节槽身长度可达 30～40m。缺点是槽身长、重量大，施工吊装困难，悬臂端变形或地基不均匀沉陷时，接缝产生错动易使止水拉裂。单悬臂式槽身一般只在双悬臂向简支梁式过渡时或在进出口采用，且悬臂不宜过长，以保证槽身在简支端支座处有一定的压力。

（2）槽身横断面形式。常用的有矩形和 U 形。矩形槽身常用钢筋混凝土或预应力钢筋混凝土结构，U 形槽身还可用钢丝网水泥结构。

矩形槽身因结构布置不同又分为有拉杆式、无拉杆式、肋板式、多纵梁式及封闭式等。一般中小流量无通航要求的渡槽，槽顶常设间距为 1～2m 的拉杆，以增强侧墙稳定和改善横向受力条件。有通航要求时则不设拉杆，适当加大侧墙厚度，也可做成变厚的侧墙或加肋做成肋板式矩形槽。当流量较大或通航要求槽身较宽时，为减小底板厚度，可在底板下设边纵梁和中纵梁，形成多纵梁式矩形槽。顶部有交通要求时，可做成封闭式（箱形）渡槽，如图 8-4 所示。

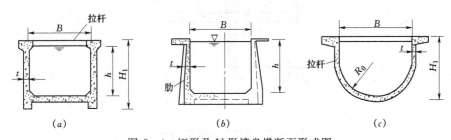

图 8-4　矩形及 U 形槽身横断面形式图
（a）设拉杆的矩形槽；（b）设肋的矩形槽；（c）设拉杆的 U 形槽

矩形槽的侧墙通常作纵梁考虑，由于侧墙薄而高，设计时除考虑强度外，还应考虑侧向稳定。无拉杆式的侧墙厚度，顶厚不小于 8cm，底厚不小于 15cm；有拉杆式的侧墙厚度，一般取 10～20cm。槽身侧墙与底板的连接方式，一是侧墙底与底板底面齐平，二是侧墙底低于底板底面。当槽身纵向为等跨双悬臂支承时，侧墙顶部受拉，宜采用构造简单、施工方便的前一种形式；当槽身纵向为简支时，侧墙下部受拉，采用后种形式可减小底板拉应力，对底板抗裂有利。为改善连接处的应力状态，常设倾角为 30°～60°、边长为 20～30cm 的补角，如图 8-5 所示。

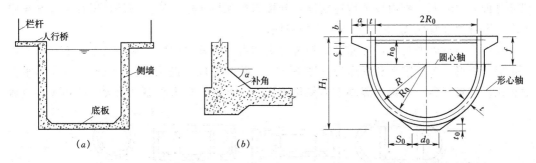

图 8-5　侧墙与底板连接形式　　　　　图 8-6　U 形槽身断面图

钢筋混凝土 U 形槽身的横断面（图 8-6），由半圆加直线段构成。断面尺寸可参考下列经验数据拟定：$h_0 = (0.4 \sim 0.6) R_0$，$a = (1.5 \sim 2.5) t$，$b = (1.0 \sim 2.0) t$，$c =$

$(1.0 \sim 2.0) \ t$，$d_0 =（0.5 \sim 0.6）R_0$，$t_0 =（1.0 \sim 1.5）t$。

（3）伸缩缝。为适应槽身因温度变化和墩架基础沉陷产生的变形，应在各节槽身之间设置沉陷缝，用既能适应变形又能防止渗漏的柔性止水封堵。常见的止水有沥青止水、橡皮压板止水、粘合式止水及套环式止水等（图 8 - 7）。

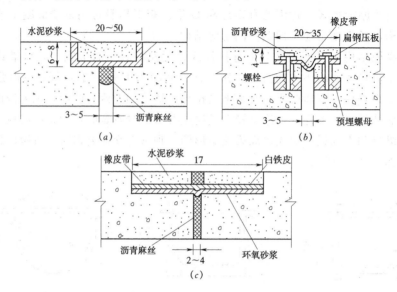

图 8 - 7 沉陷缝（单位：cm）
（a）沥青止水；（b）橡皮压板止水；（c）粘合式止水

（二）支承结构

梁式渡槽的支承型式有墩式和排架式。

（1）槽墩。槽墩一般为重力墩，有实体墩和空心墩两种。实体重力墩一般用浆砌石或混凝土建造，构造简单，施工方便，强度和稳定性较易满足要求。但用料多，自重大，不宜用于高槽墩和地基较差的情况，常用高度为 8 ~ 15m。墩头一般为圆形或尖角形。墩顶顺水流向的宽度应略大于槽身支承面所需的宽度，一般不小于 0.8 ~ 1.0m，垂直水流向的长度约等于槽身的宽度。墩顶用 C10 ~ C20 的混凝土做成厚度约为 0.3 ~ 0.4m 的墩帽，四周外伸 5 ~ 10cm，帽内设置构造钢筋，并按需要预埋支座部件。为满足墩体强度和稳定要求，墩身侧面宜做成 20：1 ~ 30：1 的斜坡。

空心重力墩外形轮廓尺寸和墩帽构造与实体重力墩基本相同，常用的水平截面形式有圆矩形、矩形、双工字形和圆形等（图 8 - 8）。墩壁厚度一般为 15 ~ 30cm，与实体重力墩相比可节省材料，与钢筋混凝土槽架相比可节省钢材，自重小而刚度大，适用于高墩渡

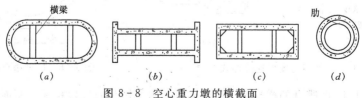

图 8 - 8 空心重力墩的横截面
（a）圆矩形；（b）双工字形；（c）矩形；（d）圆形

槽。空心重力墩槽身可用混凝土预制块砌筑或混凝土现场浇筑。

渡槽与两岸连接时，常用重力式边槽墩，也称槽台（图 8-9）。其作用是支承槽身和挡土，高度一般在 5～6m 以下。槽台背坡一般采用 $m=0.25～0.50$，为减小台背水压力，常在台背上设置孔径为 5～8cm 排水孔，并设反滤层。墩顶须设混凝土墩帽，构造同槽墩。

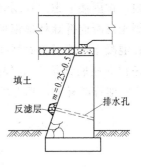

图 8-9　重力式

（2）排架。排架式支承结构有单排架、双排架、A 字形排架和组合式排架等形式（图 8-10）。排架一般为钢筋混凝土结构。

单排架适用高度为 10～20m，体积小，重量轻，可现浇或预制吊装施工，工程中应用广泛。双排架为空间结构，在较大的竖向及水平向荷载作用下，其强度、稳定性及地基应力都较单排架容易满足要求，常用高度为 15～25m。A 字形排架是由两片 A 字形刚架组成，其稳定性好，适应高度为 20～30m，但施工复杂，造价高。组合式排架的下部为重力墩有利于稳定，上部为排架可以减轻重量，适用于跨越河道主河槽，高度达 30m 以上的渡槽。

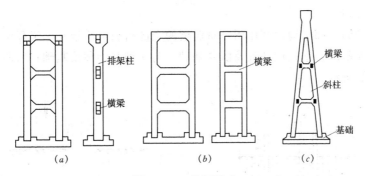

图 8-10　排架形式
（a）单排架；（b）双排架；（c）A 字形排架

排架尺寸的拟定：双排架和 A 字形排架的构造尺寸可参照单排架拟定，现以单排架（图 8-11）为例说明尺寸的拟定。H 为排架高度，两立柱中心距取决于槽身的宽度，一般应使槽身传来的竖向荷载 P 的作用线与立柱中心线重合。立柱断面尺寸：顺槽向的长边 $b_1=$（$1/20～1/30$）H，常用 0.4～0.7m；短边 $h_1=$（$1/1.5～1/2$）b_1，常用 0.3～0.5m。为减小排架顶部的接触应力，排架顶部常伸出牛腿（短悬臂梁），悬臂长度 $c=b_1/2$，高度 $h>b_1$，倾角 $\theta=30°～45°$。两柱间横梁的间距 $l=2.5～4.0m$，梁高 $h_2=$（$1/6～1/8$）l，梁宽 $b_2=$（$1/1.5～1/2$）h_2。横梁由上向下等间距布置，与立柱连接处设补角，以改善连接处的应力状态。

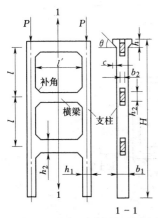

图 8-11　排架尺寸拟订示意图

排架与基础的连接：排架与基础的连接（图 8-12）有固接和铰接两种形式。现场浇筑时，立柱竖筋深入基础内，按固接考虑。预制装配式排架，根据吊装就位后杯口处理方式而定。固接是在基础混凝土终凝前拆除杯口模板并凿毛，将杯口清扫干净后，在杯口底部浇灌不小于 C20 的细石混凝土，然后将立柱插入杯口内，在其四周再浇灌细石混凝土［图 8-12（a）］。铰接是在立柱底部填 5cm 厚的细石混凝土抹平，立柱插入杯口后，在周围再浇灌 5cm 厚的 C20 细石混凝土，其上填沥青麻丝而成［图 8-12（b）］。

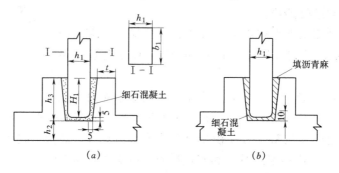

图 8-12　排架与基础连接（单位：cm）

（a）固接；（b）铰接

（三）基础结构

基础是渡槽的下部结构，其作用是将渡槽的全部荷载传给地基。工程中常用的有整体板式基础、扩大基础、钻孔桩基础及沉井基础。前两种基础称浅基础；后两种基础称深基础，如图 8-13 所示。

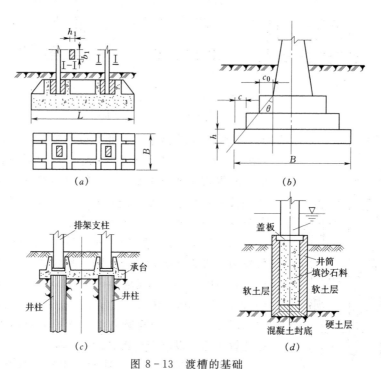

图 8-13　渡槽的基础

（a）整体板式基础；（b）扩大基础；（c）钻孔桩基础；（d）沉井基础

144

（1）整体板式基础。整体板式基础是一种钢筋混凝土结构，因设计时需考虑弯曲变形，又称柔性基础。其底面积大，适应不均匀沉陷能力强，排架基础常采用该形式。基础底板［图 8-13（a）］的宽度 B 和长度 L，可参照已建工程初步拟定：$B \geqslant 3b_1$，$L \geqslant s + 5h_1$，其中，s 为两立柱间的净距，b_1、h_1 分别为立柱横截面的长边和短边。

（2）扩大基础。扩大基础［图 8-13（b）］为刚性基础，常用于重力式实体墩及空心墩基础，一般用混凝土或浆砌石建造。因其抗弯能力小而抗压能力高，基础各阶的悬臂挑出长度不宜太大。台阶高度一般为 0.5～0.7m，每阶的悬臂长度 c 与台阶高 h 应保持一定的比值，常用刚性角 θ 控制，即 $\tan\theta = c/h$。一般控制 $\theta \leqslant 30° \sim 40°$。

（3）钻孔桩基础与沉井基础。钻孔桩基础［图 8-13（c）］是用锥具钻孔，在孔内放置钢筋并浇筑混凝土而成。这种基础适用于荷载大而承载能力较低的地基或需水下施工的河道中。沉井基础［图 8-13（d）］是在具有一定断面形状的预制混凝土井管内挖土，井筒靠自重下沉并分节加高，下沉到设计标高并验算地基符合要求后，用混凝土封闭井底，井筒内填以砂石或混凝土，井顶再加筑盖板作承台而成。

三、拱式渡槽

拱式渡槽的支承结构由墩台、主拱圈及拱上结构三部分组成，拱上结构上面放置槽身。

（一）拱式渡槽的型式和构造

拱式渡槽根据主拱圈的结构型式可分为板拱、肋拱和双曲拱等。砌石拱渡槽的主拱圈多为板拱，所以工程中常将拱式渡槽分为石拱渡槽、肋拱渡槽、双曲拱渡槽等。

（1）石拱（板拱）渡槽。石拱渡槽的主拱圈为实体板拱，截面形状为矩形。多用石料、混凝土预制块砌筑，主拱圈也可用混凝土现浇；小型渡槽也可以用砖砌筑。具有就地取材，构造简单，施工方便等优点。石拱渡槽的拱上结构按构造可分为实腹式［图 8-2（b）］和空腹式（8-14）两种。

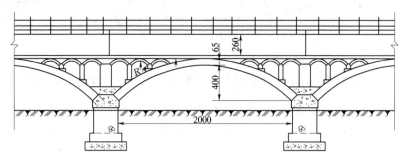

图 8-14　空腹石拱渡槽（单位：cm）

实腹式拱上结构一般只用于小跨度渡槽，槽身多采用矩形断面，主拱圈一般为板拱。按构造不同，又分为砌背式和填背式两种。前者是将拱背砌筑成实体，其上再砌筑槽身，适于槽宽不大的情况；后者是在拱背上砌筑挡土边墙，墙内填以砂石料或土料，其上砌槽身。为适应拱的自身变形和温度变化引起的纵向收缩，常在槽墩顶部设变形缝，将槽身和拱上结构分为若干段，缝距 15m 左右，缝宽 2～5cm，缝内设止水。

空腹式拱上结构可减小主拱圈的荷载、节省材料，故适用于大跨度渡槽。空腹式拱上结构有横墙式和排架式等形式。横墙腹拱式是在主拱圈背上砌筑横墙和腹拱，腹拱上面填平后砌筑槽身。腹拱多做成半圆形，拱圈厚度一般不小于30cm。主拱圈每边的腹拱孔数一般为2～5孔，大多做成等跨形式，腹拱跨径约为主拱圈跨径的1/10～1/15或2～5m。为适应变形，槽身亦应在墩台顶部设缝，还应根据主拱跨度的大小，在拱顶、三分点、和1/4拱跨处设缝，缝宽2～5cm，缝内设止水。排架式拱上结构，其上支承槽身，下端固接于主拱圈上，而主拱圈多为肋拱。

（2）肋拱渡槽。肋拱渡槽一般用钢筋混凝土建造，其强度不低于C20。小跨度也可用混凝土修建。其主拱圈由2～4根分离的拱肋组成，肋间设有横系梁以加强拱肋的整体性，保证拱肋的侧向稳定。肋拱渡槽结构轻、跨度大、工程量小，可预制装配施工。

当槽宽不大时采用双肋（图8-15）。拱肋常采用矩形截面，其宽厚比约为1.5～2.5，拱顶厚度取拱跨的1/40～1/60。拱圈宽度（拱肋外边缘之距离）一般应大于拱跨的1/20，厚度不小于20cm。小跨度的拱肋常用等截面，大跨度一般采用变截面。横系梁一般为矩形断面，宽度不小于长度的1/15，且不小于20cm，并在与拱肋的连接处加做托承。若主拱圈是无铰拱，拱肋的纵向受力钢筋应伸入墩帽内，其锚入长度应大于拱脚厚度的1.5倍。肋拱渡槽的拱上结构多为钢筋混凝土排架。排架间距随肋拱跨度而定，肋拱跨度较小时排架间距可采用1.5～3.0m；拱肋跨度较大时，可采用3～6m。排架间距小，可使拱圈的荷载较均匀，改善主拱圈及槽身的受力条件，但需增加排架数量。

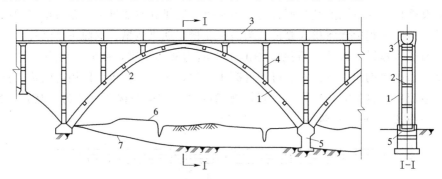

图8-15 肋拱渡槽

1—肋拱；2—横系梁；3—槽身；4—拱上排架；5—槽墩；6—原地面线；7—基岩

排架支承槽身，其底部固结于主拱圈（即拱肋）上。排架支柱与拱肋的连接有杯口式或插筋式。肋拱渡槽的槽身，一般可支承于两个排架上，支承形式一般为简支梁式或双悬臂梁式。

（3）双曲拱渡槽。双曲拱渡槽的主拱圈由拱肋、预制拱波、现浇拱波和横系梁组成

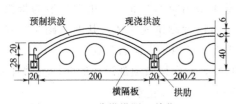

图8-16 双曲拱拱圈（单位：cm）

（图8-16），其纵横两个方向均为拱形结构。因此，其抗弯刚度较大，承载能力较高。拱肋可以分段预制吊装拼接，然后在拱肋上砌筑预制拱波，并浇筑拱板（现浇拱波）混凝土而连接为整体。因此，与砌石拱渡槽相比可节省拱架所需木材，与梁式渡槽和肋拱渡槽相比可节

省钢材。拱上结构一般采用空腹式。

（二）主拱圈的基本尺寸和拱轴线形式

（1）主拱圈基本尺寸的选定。基本尺寸包括跨度、矢跨比和宽跨比等。主拱圈跨径中央处称为拱顶，两端与墩台连接处称为拱脚，各径向截面重心的连线称拱轴线，两拱脚截面重心的水平距离 L 称跨度（计算跨度），拱顶截面重心到拱脚截面重心间的铅直距离 f 称为矢高，拱圈的外缘距离称为拱宽 b。b/L 为宽跨比，f/L 为矢跨比。主拱圈的这些尺寸一旦确定，拱式渡槽的布置、荷载及主拱圈内力与稳定性、工程量等也基本确定。

1）跨度 L 小于 15m 的为小跨度，20～50m 的为中等跨度，超过 60m 的为大跨度，为保持适宜的矢跨比，槽高较小时宜采用小跨度，槽高很大时可采用大跨度。工程中应根据地形、地质、施工条件等综合分析确定，一般采用 40m 左右的中等跨度。

2）矢跨比又称拱度，当 $f/L \leqslant 1/5$ 时称为坦拱，$f/L > 1/5$ 时称陡拱。荷载相同时，f/L 值越小，拱脚的推力越大，特别是在地基条件差时将引起墩台过大的变形，对拱圈产生很大的附加应力。但从施工方面来看，矢跨比小，可减少拱上结构的工程量。因此，选择矢跨比时应综合考虑并比较确定。工程中常用的矢跨比一般为 1/3～1/8。

3）宽跨比 b/L 的确定：拱宽 b 一般应与槽身结构的总宽度相等，但 b/L 对主拱圈的横向稳定性影响很大，b/L 越小则横向稳定性越低。一般要求 $b/L > 1/20$；对于大跨度小流量渡槽，b/L 可以小一些，但 b/L 不应小于 1/25。若不满足上述条件，可适当调整槽身宽度或主拱圈的跨度。

（2）拱轴线的形式选择。渡槽主拱圈常用的拱轴线形式有圆弧线、悬链线和二次抛物线。拱轴线的选择，应使拱轴线尽量与荷载压力线相吻合，即选择合理拱轴线。

跨度较小的主拱圈，多采用圆弧线，其中心角约为 120°～130°。有时也采用半圆形，但半圆形拱圈在 1/4 拱跨至拱脚之间常产生较大的拉应力。圆弧形拱圈结构简单、施工方便，但拱圈受力条件较差，用材较多。

跨度较大的主拱圈常采用悬链线。由于主拱圈承受的恒载主要是结构自重和槽中的水重，荷载压力线是一条悬链线，因此主拱圈采用悬链线是经济合理的。对于实腹拱式渡槽，拱轴线为悬链线；对于空腹拱，拱圈承受的荷载分布是不连续的，其压力线不是一条光滑的曲线，很难做到拱轴各点均与压力线重合。实际工程中，只要求拱轴线在顶拱、拱脚和 1/4 拱跨处与设计荷载压力线重合，以此来确定拱轴线。对于拱上结构为排架式的主拱圈，拱上作用荷载接近均匀分布，拱轴线为二次抛物线。对大跨度渡槽，主拱圈可考虑使用变截面悬链线，以增加拱圈的刚度和稳定性。

（三）拱式渡槽的墩台及拱座

墩台主要承受拱圈传来的荷载。多跨拱的中墩一般两侧受力平衡，其受力情况与梁式渡槽的重力墩相似，其形式和构造也类似，但对墩帽的要求高，常用 C20 或 C25 的混凝土建造，并布置构造钢筋，对于重要的无铰拱墩，还应预埋锚固钢筋，在墩帽和拱脚结合处铺 1～2 层直径 9～12mm、间距约 10cm 的钢筋网，以增加墩帽的局部承压能力。墩顶的宽度一般取拱跨的 1/12～1/25，且不小于 0.8m。不对称的槽墩，其形式和布置需配合拱跨结构的布置选定，构造和尺寸由结构计算确定。拱式渡槽的边墩承受一侧荷载作用，为单向推力墩，也称拱座。拱座应尽量坐落在地形有利、地基坚实可靠的位置。拱脚高程应尽量接近地基面高程，减小拱圈水平推力对基底面的力矩，维持拱座的稳定。

第四节 梁式渡槽的结构计算

一、作用在渡槽上的荷载及组合

作用在渡槽上的荷载有自重、槽中水重、风压力、土压力、人群荷载及施工吊装动力荷载等。重力及土压力等可采用一般方法计算，作用在槽身及支承结构上的表面风压力 W 按下式计算：

$$W = KK_z g W_0 \beta \qquad (8-6)$$

上式中，K 为风载体形系数，与建筑物体形尺寸有关：①矩形槽身，满槽时 K 取 1.3；空槽时，如 $H/B=0.5$，K 取 1.7，如 $H/B \geqslant 1.0$，取 1.5，其中 H 与 B 分别为槽身的深度和宽度；②U 形槽身：满槽时，K 取 $1.1 \sim 1.2$，直段高度较小者取小值；空槽时 K 取 $1.5 \sim 1.4$，宽深比小者取大值。③对槽墩结构、排架结构、板拱及箱形拱结构，K 取 1.3。④对桁架结构，大跨度小流量渡槽等按 $K=1.3\phi(1+\eta)$ 计算，ϕ 与 η 值的选取与挡风面积、桁架间距及矢高等有关，可参考有关文献取值。K_z 为风压高度变化系数，按表 8-1 采用。g 为重力加速度；W_0 为基本风压，N/m^2，如有风速资料，可按 $W_0 = aV^2$ 计算，其中 V 为空旷平坦地面离地 10m 高处 30 年一遇的 10min 平均最大风速，m/s，a 为风压系数，东南沿海取 1/17，内陆地区取 1/16，高山和高原地区取 $1/18 \sim 1/19$；对于与大风方向一致的谷口、山口等，基本风压还应乘以 $1.2 \sim 1.4$ 的调整系数。如当地没有实测风速资料，则可根据 GB 50009—2001《建筑结构荷载规范》中全国基本风压分布图上的等压线进行插值确定，但不得小于 $250N/m^2$；β 为风振系数，高度不大的渡槽，β 可取 1.0，对高度较大的排架、梁式渡槽，应计入风振影响，可按有关规范确定。

上述方法求得的 W 是单位面积上的风压力，如槽身迎风面投影面积为 ω_1，则作用于 ω_1 形心上的风压力为 $P_1 = W\omega_1$，P_1 通过槽身和槽墩接触面上的摩擦作用传至槽墩。

表 8-1　　　　　　　　　　　　风压高度变化系数 K_z

离地面高度	≤2	5	10	15	20	30	40	50	60	70	80	90
K_z	0.52	0.78	1.00	1.15	1.25	1.41	1.54	1.63	1.71	1.78	1.84	1.90

渡槽设计时，应根据施工、运用、检修时的具体情况，采用不同的荷载进行组合。常用的荷载组合有以下两种：

（1）基本组合（设计情况），即经常作用的荷载和运用期间不定期重复出现的荷载（如风压等）的组合。

（2）特殊组合（校核情况），即经常作用的荷载和偶然作用的荷载（如最大风压力、漂浮物的撞击力、施工运输中的荷载、检修时的荷载等）的组合。

二、梁式渡槽的结构计算

主要介绍单排架无拉杆矩形钢筋混凝土渡槽的结构计算。

（一）槽身的结构计算

槽身为一空间薄壁结构，受力比较复杂，计算时近似分成纵向和横向两部分按平面结构进行计算。

（1）槽身纵向结构计算。槽身纵向一般按满水（有拉杆计算到拉杆中心）、自重和人群荷载组合情况设计。对矩形槽身，可将侧墙作为纵梁考虑，按受弯构件计算其纵向正应力及剪应力，并进行配筋和抗裂或限裂验算。

（2）横向计算。荷载沿槽身纵向分布是均匀和连续的，在进行横向计算时，可沿槽长方向取 1m 长的脱离体，按平面问题进行分析，作用在脱离体上的荷载由两侧的剪力差维持平衡。无拉杆矩形槽的横向计算，是把侧墙看作固结于底板上的悬臂板，忽略其轴向力，按静定受弯构件计算。并设脱离体两侧的不平衡剪力对结构不产生弯矩，而将它集中作用在侧墙底面按支承铰（或链杆）来考虑。其计算简图如图 8-17 所示。

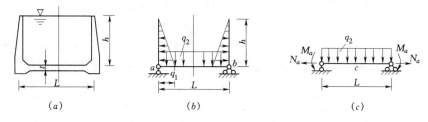

图 8-17 内力计算简图

侧墙底部最大弯矩 M_a 及底板跨中最大弯矩 M_c 分别为

$$M_a = M_b = \frac{1}{6}\gamma h^3 \tag{8-7}$$

$$M_c = \frac{1}{8}q_2 L^2 - M_a = \frac{1}{8}(\gamma h + \gamma_h t)L^2 - \frac{1}{6}\gamma h^3 \tag{8-8}$$

式中　L——计算跨度，m；

　　　　t——底板厚度，m；

　　　　γ——水的重度，kN/m^3；

　　　　γ_h——钢筋混凝土的重度，kN/m^3；

　　　　h——槽内水深，m。

底板跨中弯矩 M_c 随槽内水深而变，当 $h=L/2$ 时，M_c 达到最大值，但此时底板的轴向拉力较小，所以跨中应分别按满槽水和 $h=L/2$ 时两种情况计算，取其最大值按偏心受拉构件进行配筋。

如侧墙顶设有人行桥时，应计入桥身自重及人群荷载对侧墙中心线所产生的内力。

有拉杆矩形槽、加肋矩形槽、箱式矩形槽等形式的横向计算可参考有关资料进行。

（二）排架的结构计算

单排架一般按横向计算内力并配筋，按纵向和施工吊装等情况进行校核，其计算简图如图 8-18 所示。P 为槽身传给排架的铅直荷载，P' 为槽身横向风荷通过支座传给排架的铅直力，T' 为槽身上的横向风荷通过支座传给排架的水平力，T_1、T_2、T_3 为排架立柱上化为节点荷载的横向风荷载。

（1）排架的横向计算。一般应计算满槽水加横向风荷载、空槽加横向风荷载两种情况。前者对排架的内力及配筋起控制作用，后者一般作为立柱配筋的校核，因风向是会变

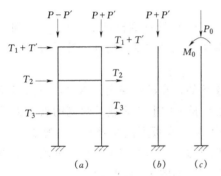

图 8-18 排架计算简图

化的，故两个立柱的配筋应当相同。

（2）排架的纵向计算。对等间距的排架立柱可按轴心受压构件进行计算，并考虑纵向弯曲的影响［图 8-18（b）］。当排架间距不等时，或一跨槽身吊装完毕而另一跨尚未吊装时，按偏心受压构件计算［图 8-18（c）］。考虑纵向弯曲影响时，柱的计算长度可采用排架总高度的 0.7～1.0倍。如排架采用预制吊装法施工，应进行排架吊装强度验算，并考虑动荷作用，将自重荷载乘以1.1～1.3 的动力系数。

（三）基础设计

排架式支承结构常采用钢筋混凝土整体板式基础（图 8-19）。设计内容包括地基应力验算、内力计算及配筋计算等内容。

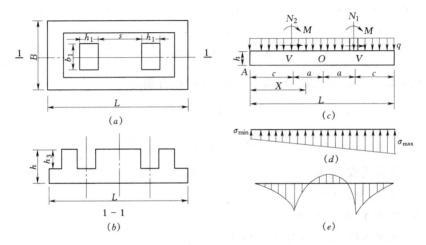

图 8-19　整体板式基础计算图

（1）地基应力验算。基础底板的尺寸拟定以后，根据立柱传给基础顶面的轴向力 N_1、N_2，水平剪力 V 及弯矩 M，按偏心受压公式验算地基应力：

$$\begin{aligned}\sigma_{\max} &= \frac{N_1 + N_2}{BL} + q + \frac{6M_0}{BL^2} \leqslant [\sigma] \\ \sigma_{\min} & \qquad\qquad\qquad\qquad\qquad > 0 \end{aligned} \tag{8-9}$$

$$M_0 = 2(M + Vh) + a(N_1 - N_2) \tag{8-10}$$

式中　q——单位面积上的基础自重及回填土重（近似按综合重度 20kN/m³ 计算，并按均布考虑）。

（2）内力计算。地基应力求出以后，作为底板的荷载之一，作用于底板的底部，按截面法计算底板各截面内力。距底板左端 A 点 x 处的弯矩 M_x 为

在 $x < c$ 区间：

$$M_x = \frac{1}{2}\sigma_{\min} B x^2 + \frac{(\sigma_{\max} - \sigma_{\min})B x^3}{6L} - \frac{1}{2}qB x^2 \tag{8-11}$$

在 $c \leqslant x < L - c$ 区间：

$$M_x = \frac{1}{2}\sigma_{\min}Bx^2 + \frac{(\sigma_{\max} - \sigma_{\min})Bx^3}{6L} - \frac{1}{2}qBx^2 + (M + Vh) - N_2(x - c) \quad (8-12)$$

在 $x \geqslant L - c$ 区间：

$$M_x = \frac{1}{2}\sigma_{\min}Bx^2 + \frac{(\sigma_{\max} - \sigma_{\min})Bx^3}{6L} - \frac{1}{2}qBx^2$$
$$+ 2(M + Vh) - N_2(x - c) - N_1(x - c - 2a) \quad (8-13)$$

两立柱间的最大负弯矩的位置可由下式计算：

$$x = \frac{-E + \sqrt{E^2 - 4D}}{2} \quad (8-14)$$

式中：
$$E = \frac{2(\sigma_{\min} - q)L}{\sigma_{\max} - \sigma_{\min}} \qquad D = \frac{-2N_2L}{(\sigma_{\max} - \sigma_{\min})B}$$

将求得的 x 值代入（8-12）式，即可求得两柱间的最大负弯矩（底板底面受拉）。

（3）配筋计算。底板长边方向的受力钢筋按上面计算的弯矩进行配筋，底层钢筋按立柱下的最大弯矩计算配筋，顶层钢筋按跨中最大负弯矩计算配筋。短边方向的受力钢筋，可将基础伸出部分当作悬臂梁，在地基应力较大一侧取单位宽度进行内力计算和配筋。

第五节　拱式渡槽的结构计算

拱式渡槽结构计算的主要内容是主拱圈设计，即拱结构的内力计算、强度和稳定性验算。圆弧拱、抛物线拱的内力计算按结构力学方法进行，本书仅介绍悬链线无铰拱利用《拱桥设计计算手册》进行计算的简化方法。

一、拱圈内力计算

悬链线实腹拱的轴线与荷载压力线重合，其弯矩、剪力均为零，只有轴向力。拱顶水平力 H_g 及任一截面的轴向压力 N、拱脚铅直分力 V_g 为

$$H_g = K_g \frac{g_s L^2}{f} \quad (8-15)$$

$$V_g = K'_g g_s L \quad (8-16)$$

$$N = \frac{H_g}{\cos\varphi} \quad (8-17)$$

$$g_s = q_1 + \gamma_1 d_s + \gamma_2 h_s$$

式中　　g_s——顶拱的荷载强度，kN/m^2；

$\quad\quad q_1$——槽身自重、水重、人行道板、人群荷载等在单位面积上的平均重量；

γ_1、γ_2——拱圈材料及拱上填料的重度；

$\quad\quad d_s$——拱顶的拱圈厚度；

$\quad\quad h_s$——拱顶处的拱上填料的高度；

$\quad L$、f——拱的跨度和矢高；

$\quad\quad \varphi$——拱轴线任一点切线与水平线的夹角；

K_g、K'_g——系数，可由《拱桥设计计算手册》图表查得。

对于空腹拱，其拱顶、拱脚和 1/4 跨处的弯矩为零，故得拱顶水平力 H_g 及任一截面的轴向压力 N、拱脚铅直分力 V_g 为

$$H_g = \frac{\sum M_K}{f} \qquad (8-18)$$

$$V_g = \frac{\sum W}{2} \qquad (8-19)$$

$$N = \frac{H_g}{\cos\varphi} \qquad (8-20)$$

式中　$\sum M_K$——拱顶与拱脚间荷载对拱脚截面处的弯矩；

　　　$\sum W$——拱上全部荷载之和。

悬链线无铰拱在轴向力的作用下引起拱圈弹性压缩，使拱圈内产生附加内力，其值可由弹性中心法求解，弹性中心距拱顶的距离 y_s 为（图 8-20）

$$y_s = \frac{\int_0^s \dfrac{y_1}{EI} d_s}{\int_0^s \dfrac{1}{EI} d_s} \qquad (8-21)$$

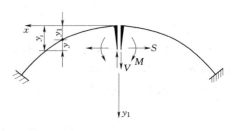

图 8-20　无铰拱内力计算图

式中　E、I——主拱圈结构任意截面材料的弹性模量和惯性矩。

等截面及变截面悬链线无铰拱的 y_s（$y_s = [表值] \times f$）均可由表 8-2 求得。

由于结构对称，拱圈内产生的弹性压缩也是对称的，故在弹性中心处只产生水平力 S，列出力法方程后可得：

$$S = -\mu_1 H_g \qquad (8-22)$$

式中　μ_1——弹性压缩系数，其值可由《拱桥设计计算手册》查得。

求得 S 值后，可得弹性压缩引起的内力：

$$\Delta M = \mu_1 H_g (y_s - y_1) \qquad (8-23)$$

$$\Delta N = -\mu_1 H_g \cos\varphi \qquad (8-24)$$

设计荷载作用的总内力为以上两项内力之和，即

$$M = \mu_1 H_g (y_s - y_1) \qquad (8-25)$$

$$N = H_g / \cos\varphi - \mu_1 H_g \cos\varphi \qquad (8-26)$$

当 $L \leqslant 30\text{m}$，$f/L \geqslant 1/3$；$L \leqslant 20\text{m}$，$f/L \geqslant 1/4$；$L \leqslant 10\text{m}$，$f/L \geqslant 1/5$ 等情况时，可不计轴向力引起的弹性压缩。

温度变化引起的内力计算：由于温度的变化，无铰拱内将引起沿轴线方向的伸长和压缩，为平衡这种温度变形，需在弹性中心施加水平力 H_t，列出力法方程后可得：

$$H_t = \frac{aL\Delta t}{\displaystyle\int_S \frac{y^2 \mathrm{d}s}{EI}} = \frac{a\Delta t EI}{\theta f^2} \qquad (8-27)$$

式中 a——拱圈材料的线膨胀系数；

　　Δt——温度变化值，上升为正，下降为负；

　　θ——系数，可由《拱桥设计计算手册》图表查得。

温度变化范围可根据当地最高和最低月平均气温确定。温度变化值应自拱圈封拱时的温度算起。

表 8-2 $\qquad\qquad y_s = [\text{表值}] \times f$

m	n									y_v/f
	1.0	0.8	0.6	0.5	0.4	0.3	0.25	0.2	0.15	
1.000	0.3333	0.3148	0.2917	0.2778	0.2619	0.2436	0.2333	0.2222	0.2101	0.25
1.347	0.3262	0.3079	0.2850	0.2713	0.2556	0.2374	0.2273	0.2163	0.2044	0.24
1.756	0.3190	0.3009	0.2783	0.2647	0.2491	0.2312	0.2212	0.2103	0.1985	0.23
2.240	0.3117	0.2938	0.2714	0.2580	0.2427	0.2250	0.2150	0.2043	0.1926	0.22
2.814	0.3044	0.2867	0.2646	0.2513	0.2362	0.2187	0.2089	0.1983	0.1867	0.21
3.500	0.2970	0.2795	0.2577	0.2446	0.2296	0.2124	0.2027	0.1922	0.1808	0.20
4.324	0.2895	0.2723	0.2507	0.2378	0.2230	0.2060	0.1964	0.1861	0.1748	0.19
5.321	0.2820	0.2650	0.2437	0.2309	0.2164	0.1996	0.1901	0.1799	0.1688	0.18
6.536	0.2743	0.2576	0.2366	0.2240	0.2097	0.1931	0.1838	0.1738	0.1628	0.17
8.031	0.2666	0.2501	0.2294	0.2170	0.2029	0.1865	0.1774	0.1675	0.1567	0.16
9.889	0.2587	0.2424	0.2221	0.2099	0.1960	0.1799	0.1709	0.1612	0.1506	0.15

注　m 为拱轴系数，$m = g_k/g_s$（g_k、g_s 分别为拱脚和拱顶的荷载强度）；n 为拱圈厚度变化系数，$n = I_S/I_K \cos\varphi_K$（$I_S$、$I_K$ 分别为拱顶、拱脚处截面的惯性矩；φ_K 为拱脚处拱轴线的水平倾角）；y_v 为拱跨 1/4 处的纵坐标，与 m 有关。

拱圈任一截面由温度变化产生的附加内力为

$$M_t = H_t(y_1 - y_s) \qquad\qquad (8-28)$$

$$N_t = H_t \cos\varphi \qquad\qquad (8-29)$$

对于跨度不大于 25m 的砖石、混凝土预制块砌筑的拱，当矢跨比不小于 1/5 时，可不计温度内力。

混凝土收缩引起的内力计算：混凝土收缩在拱圈内引起的附加内力，可当作温度降低来考虑。对整体浇筑的混凝土结构，其收缩影响对一般地区相当于温度降低 20℃，干燥地区相当于温度降低 30℃；对整体浇筑的钢筋混凝土结构，相当于温度降低 15～20℃；对分段浇筑的混凝土及钢筋混凝土结构，相当于温度降低 10～15℃；对装配式钢筋混凝土结构，相当于温度降低 5～10℃。

计算拱圈的温度变化和混凝土收缩影响时，可根据实际资料考虑混凝土徐变的影响。如缺乏实际资料，计算内力可乘以下列系数：温度变化影响力乘以 0.7；混凝土收缩影响力乘以 0.45。

二、拱圈强度验算

求得内力之后，可按最不利情况进行组合，并按偏心受压构件进行配筋计算。拱式渡槽一般按基本荷载组合进行强度验算。

基本组合为：设计荷载（恒载）＋混凝土收缩；

特殊荷载组合一般为：恒载＋温升（或温降）＋混凝土收缩；有时计入横向风压力，地震区应计入地震力的影响。

三、拱圈稳定性验算

主拱圈是以受压为主的构件，受力后可能会产生较大的弯曲变形而丧失稳定，因此应进行稳定验算。稳定验算包括纵向稳定和横向稳定，拱圈横向刚度一般比纵向刚度大的多，当板拱宽度或肋拱外缘距离不小于拱跨的 1/20 时，可不进行横向稳定验算。横向和纵向验算均可采用下式进行验算：

$$\sigma = \frac{N_m}{\psi A} \leqslant [\sigma] \qquad (8-30)$$

$$N_m = H / \cos\varphi_m \qquad (8-31)$$

式中　σ——拱圈截面的压应力；

$\quad N_m$——拱圈内的平均轴向压力；

$\quad A$——拱圈的截面积；

$\quad \psi$——纵向弯曲系数，可由有关数表查得；

$\quad [\sigma]$——拱圈材料的允许压应力；

$\quad H$——拱脚水平推力；

$\quad \varphi_m$——半拱弦线与水平线夹角，

$$\cos\varphi_m = \frac{1}{\sqrt{1 + 4\left(\dfrac{f}{L}\right)^2}}$$

第六节　其它渠系建筑物

一、渠道上的桥梁

当渠道穿越公路或农村生产道路时，必须修建桥梁以连接交通。渠道上桥梁的特点是数量大、分布广、荷载标准较低。其结构型式和受力条件与渡槽相似，区别在于桥面构造和承受车辆活载。

（一）桥梁的类型

（1）按桥涵的跨径分为：特大、大、中、小桥及涵洞，见表 8-3。

标准设计或新建桥涵，当跨径在 60m 以下时，应采用以下标准跨径：0.75、1.00、1.25、1.50、2.00、2.50、3.00、4.00、5.00、6.00、8.00、10.00、13.00、16.00、20.00、25.00、30.00、35.00、40.00、45.00、50.00、60.00m。

（2）按荷载等级分为：

1）供行人、牛马车、手扶拖拉机或机耕拖拉机行使的生产桥，桥面宽一般 2～4m。

表 8-3　　　桥梁涵洞按跨径分类

桥涵分类	多孔跨径总长 L (m)	单孔跨径 L_0 (m)
特大桥	$L \geqslant 500$	$L_0 \geqslant 100$
大　桥	$L \geqslant 100$	$L_0 > 40$
中　桥	$30 < L < 100$	$20 \leqslant L_0 \leqslant 40$
小　桥	$8 \leqslant L \leqslant 30$	$5 \leqslant L_0 < 20$
涵　洞	$L < 8$	$L_0 < 5$

2）低标准公路桥，根据受力条件和结构特点，低标准公路桥多采用简支装配式梁式板桥和钢筋混凝土装配式梁桥。

（二）桥梁的布置

道路桥涵的布置应根据道路的任务、性质和将来发展需要，按照适用、经济、安全和美观的原则进行设计。特大、大、中桥梁应进行必要的方案比较，选择最佳的桥型方案。靠近村镇、城市、铁路及水利设施的桥梁应考虑综合利用。设计时应尽量采用标准化的装配式结构，机械化和工厂化施工。

（三）桥面构造

桥面是直接承受荷载的部分，包括行车道板、桥面铺装层、人行道、栏杆、伸缩缝及排水设施等，如图 8-21 所示。

桥面净宽由道路等级而定，汽车专用公路：高速、一级公路为 15m 或 14m，二级为 8m 或 7.5m；一般公路：二级为 9m 或 7m；三级为 7m 或 6m；四级为 3.5m。汽车专用公路上的桥梁不设人行道，但应设检修道及护栏。一般公路桥上人行道和自行车道的设置应

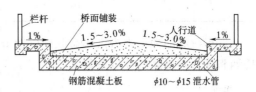

图 8-21　桥面构造

根据需要而定，人行道的宽度为 0.75m 或 1.0m，一个自行车道的宽度为 1.0m。不设人行道和自行车道的公路桥梁，应设置栏杆和安全带。与路基同宽的小桥和明涵可仅设缘石或栏杆。栏杆高度一般为 0.8～1.2m，栏杆柱间距 1.6～2.7m，柱截面一般为 0.15m×0.15m，配 4ϕ10mm 钢筋。路缘石高度可采用 0.25～0.35m。

为排除雨水，桥面设置 1.5%～3.0% 的横坡，并在桥两侧设置泄水管，较长的桥面应设置纵坡。人行道设向行车道倾斜 1% 的横坡。为减小温度变化、混凝土收缩及地基不均匀沉陷等影响，桥面应设置伸缩缝，缝内填满橡胶或沥青胶泥等弹性、不透水的材料。伸缩缝应保证能自由伸缩，并使车辆平稳通过。

桥面铺装层的作用是保护行车道板不受车辆轮胎（或履带）的直接磨耗，扩散车轮的集中荷载和缓冲活荷载的冲击作用。桥面铺装层一般用 5～8cm 厚的混凝土和沥青混凝土或 15～20cm 厚的碎（砾）石层筑成。

行车道板是主要的承重构件，其厚度不宜小于 10cm，板内主钢筋直径不宜小于 10mm；人行道板的厚度，就地浇筑的不小于 8cm；装配式的不小于 5cm，板内主钢筋直径不小于 6mm，板内设置直径不小于 6mm 的分布钢筋，其间距不大于 25cm。

（四）桥的作用荷载

作用在桥梁上的荷载可分为下列三大类：

（1）永久荷载（恒载）。在设计使用期内，其值不随时间变化，或其变化与平均值相比可忽略不计的荷载。包括结构重力、预应力、土重及土侧压力、混凝土收缩及徐变影响力、基础变位影响力和水的浮力。

（2）可变荷载。在设计使用期内，其值随时间变化，且其变化与平均值相比不可忽略的荷载。按其对桥涵结构的影响程度，又分为基本可变荷载（活载）和其它可变荷载。基本可变荷载包括汽车荷载及其引起的冲击力、离心力、平板挂车（或履带车）及其引起的

土侧压力和人群。其它可变荷载包括汽车制动力、风力、流水压力、冰压力、温度影响力和支座摩阻力。基本可变荷载中的汽车、平板挂车和履带车有不同的型号和载重等级，而且车辆的轮轴数量、各部尺寸也不相同。因此，设计各级公路的永久性桥涵时，所用的车辆荷载应根据公路的使用任务、性质和将来的发展等具体情况，参照表8-4确定。

表8-4　　　　　　　　　　　　　　车辆荷载等级选用表

公路等级	高速公路	一	二	三	四
计算荷载	汽车-超20级	汽车-超20级 汽车-20级	汽车-20级	汽车-20级 汽车-15级	汽车-10级
验算荷载	挂车-120	挂车-120 挂车-100	挂车-100	挂车-100 挂车-80	履带车-50

汽车荷载的冲击力为汽车荷载乘以冲击系数 μ，钢筋混凝土及预应力混凝土、混凝土桥涵和砖石砌桥涵的冲击系数见表8-5。

表8-5　　　　　　　　　　　　　　μ　值

结　构　种　类	跨径或荷载长度 （m）	冲击系数 μ
梁、刚构、拱上构造、柱式墩台、 涵洞盖板	$L \leqslant 5$ $L \geqslant 45$	0.30 0
拱桥的主拱圈或肋拱	$L \leqslant 20$ $L \geqslant 70$	0.20 0

设有人行道的桥梁，当用汽车荷载计算时，要同时计入人行道上的人群荷载。人群荷载一般为 $3kN/m^2$，行人密集地区一般为 $3.5kN/m^2$。作用在栏杆立柱顶上的水平推力一般采用 $0.75kN/m$，作用在栏杆扶手上的竖向力一般采用 $1kN/m$，但二者不同时作用。

（3）偶然荷载。在设计使用期内不一定出现，但一旦出现，其值很大且持续时间很短的荷载，包括地震力、船只或漂流物撞击力。

（4）荷载组合。设计桥涵时，应根据可能同时出现的作用荷载，选择下列组合：

1）基本可变荷载（平板挂车或履带车除外）的一种或几种与永久荷载的一种或几种相组合。

2）基本可变荷载（平板挂车或履带车除外）的一种或几种与永久荷载的一种或几种与其它可变荷载的一种或几种相组合，设计弯桥时，当离心力与制动力组合时，制动力仅按70%计算。

3）平板挂车或履带车与结构重力、预应力、土重及土侧压力中的一种或几种相组合。

4）基本可变荷载（平板挂车或履带车除外）的一种或几种与永久荷载的一种或几种与偶然荷载中的船只或漂流物撞击力相组合；桥涵在进行施工阶段的验算时，根据可能出现的施工荷载进行组合，构件在吊装时，构件重力应乘以动力系数 1.2 或 0.85，并可视构件具体情况作适当增减。

5）结构重力、预应力、土重及土侧压力中的一种或几种与地震力相组合。

农桥的荷载标准目前还无统一规定，设计时可根据各地车辆情况及行车要求参考有关资料计算，常用的梁式桥和拱桥可参考公路桥涵设计通用规范和有关资料进行设计。

二、倒虹吸管

倒虹吸管是渠道与谷地、道路、河渠等相交时而埋设在地下或沿地面敷设的压力输水管道。它与渡槽相比，可省去支承部分，具有造价低且施工方便的优点，但水头损失较大，运行管理不如渡槽方便。

倒虹吸管由进口段、管身和出口段三部分组成。管路布置的原则是管身最短，岸坡稳定，管基密实，进出口连接平顺，尽量沿地面坡度布置，避免转弯过多。高差不大的小倒虹吸管，常做成斜管式（图8-22）或竖井式（图8-23）。实际工程中采用较多的是斜管式，它具有构造简单、施工方便、水力条件好等优点。竖井式适用于穿越道路、流量较小、水头在3～5m的情况，井底常设0.5m深的集沙坑，以沉积泥沙及检修水平管段时作排水之用。竖井式水力条件较差，但施工比较容易。

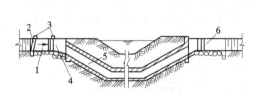

图8-22　斜管式倒虹吸管

1—进口段；2—拦污栅；3—工作桥；
4—检修闸门；5—管身；6—出口段

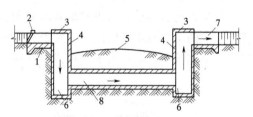

图8-23　竖井式倒虹吸管

1—进口段；2—工作桥；3—盖板；4—竖井；
5—公路；6—集沙坑；7—出口段；8—水平管段

对于高差大的倒虹吸管，管道常沿地面敷设。其优点是开挖工程量小，便于检修；缺点是在气温影响下，内外壁将产生较大的温差，若设计施工不当，管壁会裂缝漏水。因此，大多倒虹吸管均埋设于地下，但不宜埋置过深。一般来说，管道通过耕地时应埋于耕作层以下。在冰冻地区，管顶应置于冰冻层以下。通过公路时，管顶埋于路面以下不小于0.7m。当管道跨越较深的河谷及山沟时，可在深槽部分建桥梁，将管道布置成架空式，其它部分仍沿地面敷设。

（一）进口段布置

进口段一般包括进水口、闸门、拦污栅、渐变段及沉沙池等（图8-24）。进口段要与渠道平顺连接，并满足稳定、防冲和防渗要求。大型倒虹吸管的进水口通常做成喇叭口形，也可只在上方及水平方向收缩，以竖曲线弯道与管身连接，弯道半径一般为管径的1.5～4.0倍；小型倒虹吸管可不设喇叭口和弯道，而将槽身直接插入挡水墙内。进口段一般应设闸门，以便管道的清淤和检修。双管及多管倒虹吸的进口必须设置闸门，以便检修时不致停水，而通过小流量时可用部分管道过水，以使管中有较大的流速防止泥沙在管中淤积。不设闸门的小型倒虹吸管，可在进口侧墙上设门槽，需要时可插板挡水。为防止漂浮物或人畜吸入倒虹吸管，进水口前应设置拦污栅。进口前是否设沉沙池，应根据具体情况来确定。

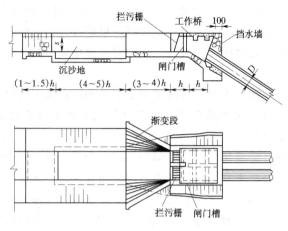

图 8-24　进口段布置

（二）出口段的布置

出口段的布置形式与进口段基本相同。出口段是否设置闸门，应由具体条件决定。多管倒虹吸的出口段不设闸门也应预留检修门槽。出口段应设渐变段，其底部设消力池，用以调整流速分布，防止对下游渠道的冲刷（图 8-25）。

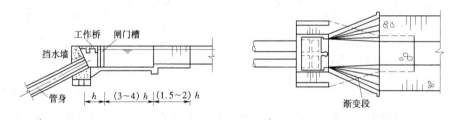

图 8-25　出口段布置

（三）管身和镇墩

倒虹吸管的管身断面常为矩形和圆形。矩形管一般用于低水头的中小型工程，圆形管高、低水头均可采用。管身常用材料有混凝土、钢筋混凝土、铸铁和钢材。混凝土管多用于小流量低水头的小型工程；钢筋混凝土管适用水头为 30～60m，管径不大于 3m。混凝土和钢筋混凝土管，可现场浇筑也可预制装配。预应力钢筋混凝土管适用于高水头的倒虹吸，具有较好的弹性、不透水性和抗裂性，比钢管节省钢材。为适应地基不均匀沉陷和温度变化引起的纵向收缩变形，管身应设置永久性伸缩缝，缝内设止水。缝的间距 15～30m，缝宽一般为 1～2cm，缝中填沥青麻绳、沥青麻绒、柏油杉板或胶泥等。伸缩缝有平接、套接、企口接及承插式接头等形式。现浇管一般用平接或套接，缝间止水用金属止水片或塑料止水片等；预制钢筋混凝土管和预应力钢筋混凝土管的管节接头处即为伸缩缝，其接头形式有平口式和承插式。平口式用套管连接，承插式施工方便，密封性能好，具有较大的柔性，目前应用较广。

为了连接和固定管道，一般在管道变坡及转弯处，以及陡而长的斜坡段上设置镇墩。镇墩一般采用混凝土和钢筋混凝土材料，其与管道的连接形式有刚性和柔性连接（图 8-26）。刚性连接是将管端与镇墩浇筑成一个整体，其施工方便，但对不均匀沉陷的适应性较差；柔性连接是将管身与镇墩用伸缩缝分开，缝内设止水，此种形式施工复杂，但适应不均匀沉陷的能力较好。斜管上的中间镇墩，上侧与管道刚性连接，下侧多与管道柔性连接，以改善管身纵向工作条件。

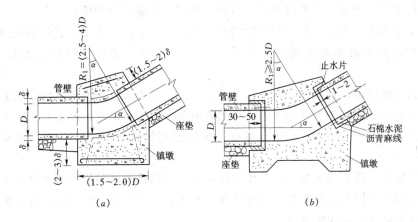

图 8-26 镇墩

(a) 刚性连接；(b) 柔性连接

三、跌水与陡坡

当渠道要通过坡度较大的地段时，为避免出现大挖方和大填方，可将渠道分段，将水流的落差集中，并修建建筑物来连接上下游渠道，这种建筑物称为落差建筑物。落差建筑物采用较多的是跌水和陡坡。

（一）跌水的形式、布置和构造

使水流自跌水口自由跌落到下游消力池的建筑物叫跌水。根据上下游渠道间的落差大小，可设置成单级和多级跌水，二者构造基本相同。单级跌水由进口连接段、跌水口、消力池和下游出口连接段组成，如图 8-27 所示。

（1）进口连接段。进口连接段（渐变段）是跌水口与上游渠道相连接的收缩段，由护底和两侧边墙组成，布置形式有扭曲面、八字墙、横隔墙及圆锥形等。连接段的长度与上游渠底宽度和水深的比值有关，渠底宽深比越大连接段愈长。连接段边墙在跌水口处应有一直线段，两端插入渠堤内以防绕渗，进口连接段渠底应设置铺盖，以减小消力池底板下的渗透压力。

（2）跌水口与跌水墙。跌水口又称控制缺口，是设计跌水的关键。为使上游渠道水面在

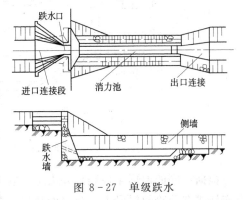

图 8-27 单级跌水

各种流量下不产生壅高和降低，常将跌水口缩窄，减小过水断面，以保持上游渠道的正常水深。常用的跌水口形式有矩形、梯形和抬堰式。矩形跌水口结构简单，施工方便，当通过设计流量时，跌水口前的水深与渠道水深相近，但通过的流量过大或过小时，上游水位将壅高或降低，而且这种形式的跌水口使水流集中，单宽流量大，对下游消能不利，因

此，适用于渠道流量不大的情况。梯形跌水口水流情况较矩形跌水口有所改变，但单宽流量仍较大，易引起下游冲刷。为克服这一缺点，常用横墙将跌水口分成几部分。抬堰式跌水口是在跌水口处作一抬堰，其底宽与渠底宽相同，这种跌水口也是保持通过设计流量时跌水口前的水深与渠道正常水深相等，因此只适用于流量不大的渠道。

跌水墙常用的形式有直墙和倾斜墙两种，多采用重力式挡土墙。其作用是挡土，支撑上部结构和防止下游水流的冲刷。为适应不均匀沉陷，常设缝将消力池底板和跌水墙分开。

（3）消力池及出口连接段。跌水墙下设消力池，使下泄水流形成水跃而消能。消力池在平面布置上有扩散和不扩散两种形式，横断面多采用梯形和矩形断面形式。为改善水流条件，防止水流对下游冲刷，在消力池和下游渠道间设置出口连接段，其长度应大于进口连接段的长度。

当地势陡峻、落差很大时，可采用多级跌水。多级跌水的各级落差和消力池长度都相等，使每级具有相同的工作条件。多级跌水的分级数目和各落差的大小，应根据地形、地质、工程量等情况综合比较确定。

（二）陡坡的形式、布置和构造

渠道通过地形较陡地段时，常利用明渠陡槽连接该地段的上下游渠道，陡槽的坡度一般均大于临界坡度，故称为陡坡。

陡坡由上游进口段、控制堰口、陡坡段、消力池和出口连接段组成，如图 8-28 所示。

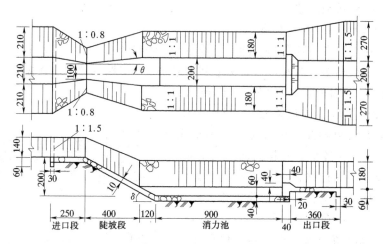

图 8-28　扩散形陡坡（单位：cm）

根据不同的地形条件和落差大小，陡坡可建成单级和多级形式。后者多建在落差大且有变坡或有台阶的渠段上。分级的数目、落差的大小及比降，应根据实际地形情况确定。陡坡的进出口、控制堰口和消力池的布置形式与跌水相同，但对进口段布置要求比跌水更为严格。为提高陡坡消能效果，消力池中常增设消力齿、消力墩、尾坎等辅助消能设施。

陡坡在平面上采用直线布置，底部可布置成等宽、对称扩散和菱形三种形式。等底宽的布置形式，结构简单，但对下游消能不利，一般用于落差较小的小型陡坡。扩散形和菱形的布置形式对下游消能较为有利。扩散形陡坡的布置主要是确定比降和扩散角。当落差一定时，比降越大，底坡越陡，工程量愈小。土基上陡坡的比降通常采用 1：2.5～1：5，扩散角采用 5°～7°。菱形陡坡是上部扩散而下部收缩，陡坡段在平面上呈菱形。这种布置形式能使水跃前后的水面宽度一致，两侧不产生平面回流旋涡，可减轻下游冲刷。工程实践证明，这种陡坡运用效果良好，适用于落差 2～8m 的情况。

第九章 水利枢纽布置

第一节 水利枢纽布置的任务和设计阶段

一、水利枢纽布置的任务

水利枢纽是综合利用水资源，发展防洪、灌溉、发电、航运、工业及民用供水、养鱼等水利事业的工程措施，它由某些一般性的和专门性的水工建筑物所组成。水利枢纽布置的任务就是根据组成建筑物的形式、功能和运行方式研究各建筑物的相互位置。枢纽布置是一项复杂、重要而具有全局性的工作。合理的枢纽布置对工程的安全运行和经济效益起着决定性作用。所以，必须在充分掌握基本资料的基础上，认真分析各种具体情况下多种因素的变化和相互影响，拟定若干可能的布置方案，从设计、施工、运行、经济等方面进行论证，综合比较，选择最优的布置方案。

二、水利枢纽的设计阶段

水利枢纽设计必须严格执行基本建设程序，目前设计按以下四个阶段进行：

（1）预可行性研究阶段。预可行性研究阶段是在江河流域综合利用规划之后，或河流水电规划及电网电源规划基础上进行的设计阶段，其任务是论证拟建工程在国民经济发展中的必要性、技术可行性、经济合理性。主要研究内容有：流域概况及水文气象等基本资料的分析；工程地质与建筑材料的评价；工程规模、综合利用及环境影响的论证；初步选择坝址、坝型与枢纽建筑物的布置方案；初拟主体工程的施工方法，施工总体布置，估算工程总投资，工程效益的分析和经济评价等。预可行阶段的成果，作为国家和有关部门做出投资决策及筹措资金的基本依据。

（2）可行性研究阶段。本阶段的主要任务是：对水文、气象、工程地质及天然建筑材料等作进一步分析与评价；论证本工程及主要建筑物的等级；选定适宜的坝址、坝轴线、坝型、枢纽总体布置及主要建筑物的结构形式和轮廓尺寸；选择施工导流方案，进行施工方法、施工进度和总体布置的设计等，提出工程总概算；进行经济分析，阐明工程效益。最后提交可行性研究的设计文件，包括文字说明和设计图纸及有关附件。本阶段相当于过去的可行性研究与初步设计两个阶段。

（3）招标设计阶段。招标设计是在批准的可行性研究报告的基础上，将确定的工程设计方案进一步具体化，详细定出总体布置和各类建筑物的轮廓尺寸、材料类型、工艺要求和技术要求等。其设计深度要求：可以根据招标设计图较准确的计算出各种建筑材料的规格品种和数量，混凝土的浇筑、土石方开挖、回填等工程量，各类机械、电器和永久设备的安装工程量等。根据招标设计图所确定的技术要求、各类工程量和施工进度计划，监理工程师可以据此编制工程概算，进而作为编制标底的依据。编标单位据此可以编制招标文件；施工投标单位也可据此编制施工方案并进行投标报价。

（4）施工详图设计阶段。施工详图设计的任务是进一步研究和确定建筑物的结构和细部构造设计、地基处理方案、施工总体布置和施工方法；编制施工进度计划和施工预算等；绘出整个工程分项分部的施工、制造、安装详图，提出工艺技术要求等。施工详图是工程施工的依据。

第二节　枢纽布置的一般原则与方案选定

一、枢纽布置的一般原则

（1）满足运用与管理的要求。枢纽建筑物的布置应避免运用时的相互干扰，保证各建筑物在任何条件下都能最好地承担所担当的任务。

（2）满足施工方面的要求。枢纽布置、坝址、坝形选择应结合施工导流、施工方法、施工进度和施工期限等综合考虑。合理布置施工场地和运输路线，避免相互干扰。进行合理的施工组织设计，在保证顺利施工的条件下尽量缩短工期。

（3）满足技术经济要求。枢纽布置应采用技术上可行，经济上最优的方案，在不影响运行、不相互矛盾的前提下，尽量发挥各建筑物的综合功能。例如将施工期的导流洞改建为泄洪洞，以及采用坝内式厂房等。在施工时尽量采用当地材料，减少运输费用。采用新技术新材料，以降低工程造价等。总之，枢纽布置应在满足建筑物的稳定、强度、运用及远景规划等要求的前提下，做到总造价和年运转费最低。

（4）满足环境方面的要求。水利枢纽的兴建，使周围环境发生明显的变化，特别是大型水库的兴建为发电、灌溉、供水、养殖、旅游等创造了有利条件，同时也带来一些不利影响。枢纽布置时应尽量避免或减轻对周围环境的不利影响，可能的条件下，尽量做到建筑上的美观，使枢纽建筑与周围自然环境相协调。

二、枢纽布置的方案选定

在水利枢纽设计中，需要在若干个方案中选出一个最好的方案，好的方案应是技术上可行，综合效益好，工程投资省，运用安全可靠及施工方便等。然而，由于枢纽布置涉及的因素多，影响复杂，具体布置时，需对不同的布置方案综合分析比较，得到最优方案。通常对以下项目进行比较。

（1）主要工程量。如土石方开挖、混凝土和钢筋混凝土浇筑量，以及金属结构施工、机电安装、帷幕灌浆、砌石等各项工程的工程量。

（2）主要建筑材料。如钢筋、钢材、木材、水泥、砂石、炸药等的用量。

（3）施工条件。主要包括施工导流、施工期限、发电日期、施工难易程度、劳动力和机械化要求等。

（4）运用管理。如发电、通航、泄洪是否相互干扰，建筑物和机械设备的检查、维修和运用操作是否方便，对外交通是否便利等。

（5）经济指标。包括总投资、总造价、淹没损失、年运转费、电站单位千瓦投资、电能成本、灌溉单位面积投资、通航能力等综合利用效益。

（6）其它。指枢纽特定条件尚需专门比较的项目。

上述比较项目中，有些项目如工程量、造价等是可以定量计算的，但有不少项目是难以定量的，这就增加了方案选择的复杂性。因此，应充分掌握资料，实事求是，全面论证，综合比较，求得最优的枢纽布置方案。

第三节　蓄水枢纽与取水枢纽布置

一、蓄水枢纽布置

在蓄水枢纽中，拦河坝是最主要的建筑物，它的工程量往往最大，其坝型对工程造价和枢纽布置形式有着极为密切的关系。如拦河坝为土石坝，河岸地形地质条件较好时，采用开敞式河岸溢洪道是适宜的。必要时可结合施工导流隧洞泄洪。电站可设在坝后或枢纽的下游，电站宜与泄水建筑物分别布置在两岸。当拦河坝为重力坝时，常用河床式溢洪道，船闸和电站分别布置在两岸。如果两者必须布置在同一岸时，最好将电站布置在靠河心一边，而将船闸布置在靠河岸一侧。

图 9-1 为新安江水电站枢纽布置图，枢纽任务以发电为主，兼有防洪、航运等综合效益。枢纽的主要建筑物有混凝土宽缝重力坝和水电站厂房，最大坝高 105m，厂房紧靠坝下游，全长 213.1m，安装 4 台 7.5×10^4 kW 及 5 台 7.25×10^4 kW 的机组。由于河谷狭窄，泄洪流量大，为了解决溢流坝与厂房争地的矛盾，采用重叠式布置，即采用溢流式厂房并用差动式齿坎挑流消能。通航建筑物设在左岸，并在上游设置木材转运码头，木材起岸后过坝改由铁路运输。

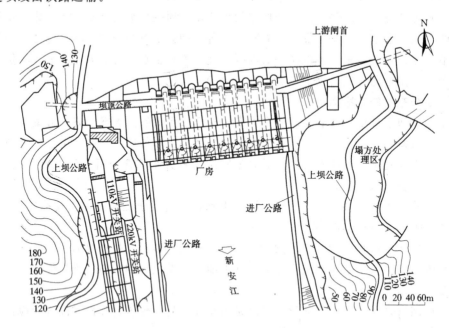

图 9-1　新安江水电站枢纽平面布置图

二、取水枢纽布置

取水枢纽的作用是从河道引水进入渠道，满足灌溉、发电、工业及生活用水等，一般位于引水渠道的首部，又称渠首工程。取水枢纽根据是否有拦截河流、抬高水位的拦河闸

（坝），分为无坝取水和有坝取水两种。

（一）无坝取水

无坝取水适用于河道枯水期的水位和流量都能满足引水要求的情况，它是一种最简单的引水方式。当河道的水位和流量都能满足引水要求时，在河岸上选择适宜的地点，建取水口和引水渠，直接从河道侧面引水，而不需修建拦河建筑物，所建工程称为无坝渠首。

无坝渠首通常由进水闸、沉沙池、泄水排沙渠等建筑物组成。其工程简单，施工方便，投资省，收效快，且对河床演变的影响较小，因而在我国应用较广。无坝取水受下列因素影响较大，设计时应加以注意：

（1）河床稳定性。若取水口的河床不稳定，将会引起主流摆动。若主流远离取水口就会导致取水口淤积，使水流不畅，严重时会使取水口被泥沙埋没而报废。所以取水口的位置应选在河床稳定，取水口靠近主流的地段，并对河床变化加以观察，必要时加以整治。

（2）水位涨落。枯水期，当天然河道的水位较低时，可能达不到所需水量，不能满足供水要求，引水保证率较低。在汛期，河道水位高，但含沙量大。所以，渠首的布置结构，既要满足河水涨落的变化，又要采取必要的防沙措施。

（3）水流转弯。从河床直端的侧面引水时，由于水流转弯，产生强烈的横向环流，使取水口发生冲刷和淤积。试验表明，水流转弯产生的横向环流，会使表层水流与底层水流发生分离，大量推移质泥沙随底流进入渠道，并随引水率的增大而增大。所以，引水率一般不宜大于 20%～30%。

（二）有坝取水

当天然河道的水位、流量不能满足用水要求时，需在河道适当的地点修建拦河闸（坝）抬高水位，以保证引取需要的水量，这种取水形式称为有坝取水。

有坝取水一般由壅水坝或拦河闸、进水闸及防沙设施等建筑物组成，其中心问题仍然是泥沙问题。通常采用的防沙设施有沉沙槽、冲沙闸、冲沙底孔、沉沙池等。图 9-2 所示为具有弧形沉沙槽的渠首取水枢纽布置图。这种取水枢纽采用侧面引水、正面冲沙的布置形式，由壅水坝、导水墙、沉沙槽、冲沙闸及进水闸等组成。其特点是将进水闸布置在河流的侧面，壅水坝、冲沙闸等布置在水流的正面。壅水坝拦河建造，用以抬高水位；进

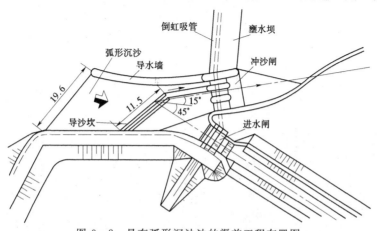

图 9-2　具有弧形沉沙池的渠首工程布置图

水闸控制引取水量；冲沙闸与进水闸相邻用以冲洗沉沙槽内的淤沙；导水墙与进水闸翼墙组成沉沙槽，拦阻坝前的泥沙。工程实践证明，这种布置具有构造简单、施工方便等优点，是我国应用最多的布置形式。

参 考 文 献

1　郭宗闵主编. 水工建筑物（第二版）. 北京：中国水利水电出版社，1995

2　林益才主编. 水工建筑物. 北京：中国水利水电出版社，1996

3　孙明权主编. 水工建筑物. 北京：中央广播电视大学出版社，2001

4　吴媚玲主编. 水工建筑物. 北京：清华大学出版社，1991

5　吴媚玲主编. 水工建筑物专题（混凝土坝设计）. 北京：中国水利水电出版社，1995

6　王宏硕主编. 水工建筑物. 北京：水利电力出版社，1990

7　左东启等主编. 水工建筑物. 南京：河海大学出版社，1995

8　祁庆和主编. 水工建筑物（第三版）. 北京：中国水利水电出版社，1997

9　王朝政主编. 水电工程概论. 北京：中国水利水电出版社，1999

10　姚玲森主编. 桥梁工程. 北京：人民交通出版社，1990

11　陈美扬主编. 小型水工建筑物. 北京：中国水利水电出版社，1997

12　杨帮柱主编. 水工建筑物. 北京：中国水利水电出版社，2001

13　陈德亮主编. 水工建筑物（第三版）. 北京：中国水利水电出版社，1998

14　胡荣辉、张五禄合编. 水工建筑物. 北京：水利电力出版社，1993

15　SL252—2000 水利水电工程等级划分及洪水标准. 北京：中国水利水电出版社，2000

16　DL5108—1999 混凝土重力坝设计规范. 北京：中国电力出版社，2000

17　SL189—96 小型水利水电工程碾压式土坝设计导则. 北京：中国水利水电出版社，1997

18　SL274—2001 碾压式土石坝设计规范. 北京：中国水利水电出版社，2002

19　SL228—98 混凝土面板堆石坝设计规范. 北京：中国水利水电出版社，1999

20　DL5077—1997 水工建筑物荷载设计规范. 北京：中国电力出版社，1998

21　SL265—2001 水闸设计规范. 北京：中国水利水电出版社，2001

22　SL253—2000 溢洪道设计规范. 北京：中国水利水电出版社，2000

23　SL203—1997 水工建筑物抗震设计规范. 北京：中国水利水电出版社，1997

24　SDJ134—84 水工隧洞设计规范. 北京：水利电力出版社，1985

25　DL/T5115—2000 混凝土面板堆石接缝止水技术规范. 北京：中国水利水电出版社，2000

26　现行水利水电工程规范实用全书（二卷）. 北京：兵器工业出版社，2000

27　SD145—85 混凝土拱坝设计规范. 北京：水利电力出版社，1986

28　JTJ021—89 公路桥涵设计通用规范. 北京：人民交通出版社出版，1989

29　现行水利水电工程规范实用全书（一卷）. 北京：兵器工业出版社，2000